生活因阅读而精彩

生活因阅读而精彩

# 情深，万象皆深

## 慢品李叔同

马艺文/编著

中国华侨出版社

图书在版编目(CIP)数据

慢品李叔同:情深,万象皆深 / 马艺文编著.—北京：中国华侨出版社,2013.5

ISBN 978-7-5113-3556-2

Ⅰ.①慢… Ⅱ.①马… Ⅲ.①李叔同(1880~1942)-生平事迹 Ⅳ.①B949.92

中国版本图书馆 CIP 数据核字(2013)第089617号

**慢品李叔同:情深,万象皆深**

| 编　　著 | / 马艺文 |
|---|---|
| 责任编辑 | / 宋　玉 |
| 责任校对 | / 孙　丽 |
| 经　　销 | / 新华书店 |
| 开　　本 | / 787 毫米×1092 毫米　1/16　印张/20　字数/350 千字 |
| 印　　刷 | / 北京军迪印刷有限责任公司 |
| 版　　次 | / 2013 年 6 月第 1 版　2020 年 5 月第 2 次印刷 |
| 书　　号 | / ISBN 978-7-5113-3556-2 |
| 定　　价 | / 60.00 元 |

中国华侨出版社　北京市朝阳区静安里 26 号通成达大厦 3 层　邮编:100028
法律顾问:陈鹰律师事务所
编辑部:(010)64443056　　64443979
发行部:(010)64443051　　传真:(010)64439708
网址:www.oveaschin.com
E-mail:oveaschin@sina.com

# 前言
Preface

有的人在享受富贵之际依然心有所苦，有的人在遭遇疾苦之际仍旧心存希望。想必，这就是处世之道。

此书正是弘一法师历尽荣、辱、悲、欢后大彻大悟到的处世之道。弘一法师，原名李叔同，后来出家得法号弘一，所以世人称之为弘一法师。

李叔同，幼名成蹊，取"桃李不言，下自成蹊"之意，学名文涛，字叔同。浙江省平湖县籍，1880年10月23日出生于天津一个官宦富商之家，1942年圆寂于福建泉州。

李叔同有着传奇的一生，他早年是一个翩翩公子，曾出国留学后来做了一名教师，他经历了人世间的荣、辱、悲、欢，遍阅了人生，后来终于找到了属于自己的归宿。

　　林语堂评价弘一法师说："李叔同是我们时代里最有才华的几位天才之一，也是最奇特的一个人，最遗世而独立的一个人。"

　　夏丏尊评价说："综师一生，为翩翩之佳公子，为激昂之志士，为多才之艺人，为严肃之教育者，为戒律精严之头陀，而以倾心西极，吉祥善逝。"

　　张爱玲也评价弘一法师说："不要认为我是个高傲的人，我从来不是的，至少，在弘一法师寺院围墙外面，我是如此的谦卑。"

　　赵朴初对弘一法师则有着非常高的评价，他认为弘一法师的一生如"无尽奇珍供世眼，一轮圆月耀天心"。

# 目录
## Preface

## 第一讲　学问

**第一课　为善最乐，读书便佳**
　　儿时光景甚是好，趁着少年多读书　/2
　　做事切勿懈怠，读书更需勤恳　/5
　　士先器识而后文艺　/7

**第二课　观天地生物气象，学圣贤克己工夫**
　　慎独者，独圣也　/11
　　知为知，切勿装　/13

**第三课　以圣贤之道出口易，以圣贤之道躬行难**
　　世间之法皆存于心　/16
　　诱惑是检验意志的试金石　/18

**第四课　以切磋之谊取友，则学问日精**
　　懂得学习别人的人才能够弥补自己的缺点　/21
　　做任何事情稳中求进　/23

**第五课　一心凝聚，则万里愈通而愈流**
　　敬畏慎独，在安静中享受快乐　/25
　　从善念中提高自我修养　/27

**第六课　有才而性缓，定属大才；有智而气和，斯为大智**
　　过于在乎外界的评价就会丧失自我　/31
　　以平和之心看待人世间的痛苦　/33
　　解决问题需要一颗平静的心　/34

# 第二讲　存养

**第一课　自家有好处，别人不好处，都要掩藏几分**
　　待人宽容大度才能清净超脱　/38
　　谦虚退让让你保全自身　/40

**第二课　谦退恬淡以保身养心，安详涵容以处世待人**
　　做事缓一缓到达更远的远方　/43
　　淡定从容笑傲人生　/45
　　放开心胸变得从容　/48

**第三课　莫大之祸，皆起于须臾之不能忍**
　　适当地忍让让人成功　/50
　　克制任性将勇往直前　/52

**第四课　逆境顺境看襟度，临喜临怒看涵养**
　　时刻保持一颗平常心　/55
　　顺境与逆境并生　/56

**第五课　涵养全得一缓字，缓字可以免悔免祸**
　　胸襟开阔削减畏惧和疑虑　/59
　　要学会控制自己的情绪　/61

**第六课　不自重者取辱，不自畏者招祸**
　　严格要求自己　/63
　　切勿不懂装懂　/65

**第七课　物忌全胜，事忌全美，人忌全盛**
　　看穿退字的奥妙　/68
　　低调中修炼自己的内在修养　/70

**第八课　以虚养心，以德养身，以仁养天下万物**
　　用理智克服欲望　/73
　　不是所有时候自己都是对的　/76

# 第三讲  持躬

**第一课  以恕己之心恕人,以责人之心责己**
　　不被他人意见所左右  /80
　　严以律己宽以待人  /82

**第二课  步步占先必有人挤,事事争胜必有人挫**
　　争强好胜引恶果  /84
　　懂得涵容别人的过失  /86

**第三课  见益而思损,持满而思溢**
　　做事切忌太满  /88
　　大智若愚是境界  /90

**第四课  尽前行者地步窄,向后看者眼界宽**
　　放下缺点而发扬优点  /93
　　做事要把握好度  /95

**第五课  花繁柳密拨得开,风狂雨骤立得定**
　　实践中开悟心智  /99
　　克制好自己的情绪  /100

**第六课  人当变故之来,宜静不宜动**
　　冷静面对突发事件  /102

**第七课  安莫安于知足,危莫危于多言**
　　不自欺也不欺骗别人  /105
　　金钱乃身外之物  /106

**第八课  聪明者戒太察,刚强者戒太暴**
　　控制好自己的情绪  /110
　　聪明者不自作聪明  /112

**第九课  识不足才多虑,威不足才多怒**
　　改变有缺陷的人生  /114
　　避免无谓的争斗  /116

第十课　自责之外，无胜人之术；自强之外，无上人之术
　　　　不断反省自己的错误　/119
　　　　勇敢者能够回头自省　/120

## 第四讲　敦品

第一课　敦诗书，尚气节，慎取与，谨威仪
　　　　沽名钓誉损人不利己　/124
　　　　做人要有一身正气　/127

第二课　以冰霜之操自励，则品日清高
　　　　从内心开始修炼优良品质　/131
　　　　挫折面前也要保持坚定志向　/133

第三课　人以品为重，品以行为主
　　　　品德来源于真心实意　/136
　　　　有舍去才会有得到　/139

第四课　事上忠敬不诌媚，接下谦和不傲忽
　　　　习劳能够强健体魄　/142
　　　　舍去虚荣而得到真相　/143

第五课　使人有面前之誉，不若使人无背后之毁
　　　　背后不要谈论别人的是非　/146
　　　　不要谈论别人的是是非非　/148

第六课　聪明睿知，守之以愚；道德隆重，守之以谦
　　　　不要容易满足于现状　/151
　　　　居功自傲只能自讨苦吃　/153

第七课　利关不破，得失惊之；名关不破，毁誉动之
　　　　得意之时需提防乐极生悲　/156
　　　　贪爱之心能够迷惑人的心智　/158

# 第五讲　处事

### 第一课　善用威者不轻怒，善用恩者不妄施
君子和小人的区别关键在于心境　/162
时刻保持天性中的智慧　/164

### 第二课　处难处之事愈宜宽，处难处之人愈宜厚
时刻保持积极的心态　/166
专心致志做好任何事情　/168

### 第三课　必有容，德乃大；必有忍，事乃济
关键时刻懂得忍耐　/171
要懂得为别人着想　/173

### 第四课　本无事而生事，是谓薄福
审时度势中把握好机会　/175
不可强求于人，只能相助于人　/178

### 第五课　无事时，戒一偷字；有事时，戒一乱字
稳定情绪，缓和心态　/181

### 第六课　做事必先审其害，而后计其利
办事情要看得远一些　/184
懂得放弃的奥妙　/186

### 第七课　处事大忌急躁，急躁则自处不暇，何暇治事
戒骄戒躁成就非凡　/188
工作中还需要休息　/190

### 第八课　处逆境，心须用开拓法；处顺境，心要用收敛法
时刻牢记忧患意识　/192
主动化解别人对自己的欺侮　/194

## 第六讲　接物

**第一课　无辩以息谤，不争以止怨**
　　做人要懂得信义　/198
　　不去辩解别人的诽谤　/200

**第二课　以仁义存心，以忍让接物**
　　学会稳重成就非凡　/202
　　说教也要讲究一定的策略　/204

**第三课　恩怕先益后损，威怕先松后紧**
　　懂得奉献，收获快乐　/207

**第四课　处事须留余地，责善切戒尽言**
　　时刻注意自己的言辞　/209
　　将忠告变成含蓄委婉的建议　/211

**第五课　论人须带三分浑厚，以留人掩盖之路**
　　从别人的错误中找到正确之处　/214

**第六课　持身不可太皎洁，处世不可太分明**
　　宽容别人能够获得更多的朋友　/216
　　知道太多容易带来痛苦　/218

**第七课　律己宜带秋气，处世须带春风**
　　保持宽容的心态　/220
　　以一种积极的心态包容你的生活　/222

**第八课　盛喜中勿许人物，盛怒中勿答人书**
　　盛喜的时候不要轻易答应别人的要求　/225
　　愤怒时一定要克制自己的情绪　/226

**第九课　毋以小嫌疏至戚，毋以新怨忘旧恩**
　　多疑会妨碍人发挥自己的聪明才智　/228
　　以感恩的心对待生活　/230

第十课　人褊急，我受之以宽宏；人险仄，我待之以坦荡
　　　　懂得如何处理别人的诽谤　／233
　　　　敢于吃亏最终换来福气　／236

## 第七讲　惠吉

第一课　群居守口，独坐防心
　　　　要懂得言多必失的道理　／240
第二课　造物所忌，曰刻曰巧，万类相感，以诚以忠
　　　　占了小便宜吃了大亏　／243
　　　　会吃亏的人总能成就大事　／245
第三课　谦卦六爻皆吉，恕字终身可行
　　　　摆脱虚浮，找到属于自己的厚重人生　／248
第四课　知足常足，终身不辱；知止常止，终身不耻
　　　　切记贪图私欲难成大事　／251
　　　　确定一个目标，然后一直紧盯下去　／253
第五课　明镜止水以澄心，泰山乔岳以立身
　　　　有足够的定力才能处乱不惊　／255
　　　　用赏识的眼光看待世界上的美好　／256
第六课　利关不破，得失惊之；名关不破，毁誉动之
　　　　学会放下就会懂得幸福　／259
　　　　待人处世要做到心中无偏见　／263
第七课　惠不在大，在乎当厄；怨不在多，在乎伤心
　　　　应当雪中送炭　／266
　　　　再小的错误也是错误　／268

第八课　善为至宝，一生用之不尽

　　　　　　肝胆相照地待人处世　/271

# 第八讲　悖凶

第一课　盛者衰之始，福者祸之基

　　　　　　"归零"自己之后重新开始　/276

　　　　　　换个角度去看待问题　/278

第二课　穷寇不可追，遁辞不可攻

　　　　　　给别人和自己都留有余地　/281

　　　　　　懂得劝说别人的技巧　/284

第三课　不近人情物情，举足尽是危机

　　　　　　自省中提高自己的品行　/286

　　　　　　本真的生命让我们感觉到快乐　/288

第四课　富贵家需从宽，聪明人要学厚

　　　　　　修炼自己的宽容和正直　/292

　　　　　　拥有好心态从而改变自己的命运　/297

第五课　肆傲讳过者害己，贪利纵欲者戕生

　　　　　　放开胸襟拒绝诱惑　/300

第六课　仁人心宽气象舒，鄙夫胸苛禄泽薄

　　　　　　要坚持自己的原则和立场　/302

　　　　　　心地坦荡才能无欲无求　/304

# 第一讲　学问

自从知道了知识可以改变命运，学习成为生活中最重要的事情，无论是老师的谆谆教悔，还是父母的苦口婆心，其目的都希望我们成为有学问之人，那么学问就只是学习文化知识这么简单吗？

# 第一课
# 为善最乐，读书便佳

◎ 儿时光景甚是好，趁着少年多读书

古时，人们常常用这句话来教育孩子，其字面意思就是做善事能让人感觉到快乐；读书比做善事更胜一等，更能让人体味到愉悦，由此看来，古人对读书看得很重要。

弘一法师是一个热爱读书、喜欢学习之人，摘抄语录于他而言正如警钟一般，时刻提醒自己要保持勤奋读书的好习惯。当然这警钟也对世人长鸣，他告诫人们要读书，尤其是在年轻的时候，读书更应该刻苦。

时间对任何人都是公平的，它们不会因你是圣贤，就在你的身上多作停留，所以，元曲家关汉卿也曾经说过"花有重开日，人无再少年"之类叹息光阴似箭的话语。时光如梭，岁月如流，以古为鉴，若不在年轻的时候勤奋苦读，待到年过半百，一事无成，怕是只会叹息岁月无情了。这里不得不提一位五代十国时期因勤奋读书而扬名天下的人——王禹。

公元954年，也就是后周世宗柴荣显德元年王禹在一个世代为农的普通贫民家庭降生了。王禹的父亲以磨面为业，有一个小小的磨坊，艰辛地养活着一家子人。虽说家境不富裕，也没有什么文化，但是王禹父亲却望子成龙，一家人勤俭节约，为的就是把省出来的钱供王禹念书。因此，王禹读书非常刻苦，不仅在学堂里接受正规的传统儒家思想教育；而且非常重视作文写诗，在这方面接受了严格的练习。

王禹虽出身寒境，但是天赋过人，又肯努力刻苦，书本对他有着天生的吸引力，一个猛子扎进去，就很难再拔出来。王禹在《谪居感事》中也说道："收萤秋不倦，刻鹄夜忘疲。流辈多相许，时贤亦见推。"说的正是他为了读书，又不给家里添负担，夏秋的晚上他就会去田里抓萤火虫来当油灯，这样一学就是一个通宵。后来，他学习的这股劲头被人们传了开来，他也成了大家学习的榜样。

正是因为王禹刻苦努力，终成为了一代英才，他的名字至今还在当地传播，人们提到他的时候都会赞不绝口，他的精神也成为人们效仿的榜样。

在王禹小时候还有一段趣事，大概是王禹5岁那年，正是白莲盛开之际，当地的太守摆了一桌酒宴，而且特邀一些当地的文士来家府中观赏白莲。因为听闻了王禹的故事，大家都非常感兴趣，就特意邀请他前来作诗助兴，顺道也见识一下这位小神童。王禹来了之后大家就想测试一下他的天赋和知识，于是太守指着池塘里的白莲花，要王禹当即题诗一首。王禹环视了一眼池塘，又定睛看了看白莲，脱口而出："昨夜三更后，嫦娥堕玉簪。冯夷不敢受，捧出碧波心。"好一首五言绝句的《咏莲》，太守听完震惊无比，在座的其他文士们也都个个惊呆了，实在是想不到5岁的孩童竟能做出如此的诗来。"实在是奇才！"大家赞不绝口。

还有一个故事，在王禹9岁那年，他跟着父亲送面粉，这面粉要送到济州的从事毕士安家。进了毕府，看到毕士安正在同一位客人对对联，王禹便生出了好奇之心，他趁父亲不注意，就溜到门外仔细听起来。他听到毕士安出了上联："鹦鹉能言怎比凤"，在座的客人一时有点反应不出来，没有一个人能对出一个下联来，正在苦思时，只听门外的一个声音对出了下联："蜘蛛虽巧不如蚕。"谁？是谁对得如此巧妙如此工整呢？毕士安同客人们出门一看，原来是一个孩童，正是穿着朴素，面庞伶俐的王禹。毕士安连忙叫他进屋坐下，攀谈了起来。和王禹一番交谈之后，毕士安高举大拇指说："子经纶满腹，将且名世。"

> 为善最乐，读书便佳。
> ——弘一法师

真乃栋梁之材!"

从此,毕士安和王禹便结为忘年之交,二人常常在写诗作赋方面切磋,毕士安还亲切地称呼王禹为"小友"。

**除了王禹之外,我们小时候最熟知的砸缸的司马光也是读书刻苦的榜样。**

司马光出身书香门第,小的时候他就对历史和文学特别感兴趣。司马光是家里最小的孩子,他的长兄比他要大很多,而次兄在很小的时候就夭折了,其父司马池老来得子,更是对这个孩子疼爱有加。但是司马池并不是一个溺爱孩子的老人,在司马光小的时候司马池就非常重视他的教育和学习的培养。司马光是从6岁开始读书的,父亲经常给他讲一些少年有为的故事,来激励他努力读书。当时他们一家住在寿州安丰,县城里最有名的学问人当属一位丁姓青年,他的好学精神和学问在全县都被当作学习的榜样。司马光的父亲自然也用丁青年的事迹来教育司马光,并且希望终有一日,司马光也能像丁青年一样成为一个好学的知识青年。司马光果然没让父亲失望,他在伙伴们玩耍的时候依旧刻苦读书,他学习不但要疏通全文,还要将书本里的意思领悟透彻。如此地学习让司马光进步神速。很快就显现出了与同龄人不一般的才气。

司马光7岁就开始读《左氏春秋》,而且读得很认真,真的是到了废寝忘食的地步,读完之后他还会将书中的故事讲给身边的人听。司马光特别珍惜时间,为了警醒自己节约时间,司马光为自己设计了一个圆形的枕头,取名为"警枕",晚上睡觉的时候他就枕这个枕头,因为枕头是圆的,不容易熟睡,半夜他就爬起来读书。

司马光认真读书读到15岁,已经是一个博古通今的人了。幼时养成的刻苦学习的习惯一直保持到成年,成年之后,无论是在马上还是官轿中他都会认真读书。

童蒙时期的司马光凭借自己的聪慧和认真好学的品质,积累了渊博的知识,而且还养成了优秀的品格。他之所以能够完成《资治通鉴》，就是凭借小时候积累的扎实的文学和历史知识；而他能够成为北宋的名臣，也是仰仗小时候坚持读书而养成的正直、诚实、质朴、仁厚的品格。

司马光很看重读书，他曾经说过："家世为儒，臣自髫龀至于弱冠，杜门读书，不交人事。"

"为善最乐，读书便佳"。我们每个人都应该将读书看成是人生一项"永不言弃"的事情，尤其是在年轻的时候，更要抓紧时间读书。

## ◎ 做事切勿懈怠，读书更需勤恳

有这样一个故事。

某大型集团的发展势头特别好，业务扩张十分迅速。为了进一步拓展其他地方的市场，集团准备派出一部分人开拓业务。有一个业务十分熟练的部门经理来到了老总的面前，希望老总能够将他外派，老总同意了，并让他带着一些新招聘的员工前去。到了要拓展业务的地方以后，这位经理看着眼前新招来的员工，他便心生傲意，草草地安排了员工们的工作，并告诉这些新员工们一定要认真学习，积极行动，不断地为公司开拓客户。

但是这位经理在安排完工作后，自己却跑到该地的旅游景区玩乐去了，并且还联络了自己的朋友和同学，他想着自己业务上根本没有问题，就趁着刚到的这段时间抓紧时间多放松放松，等玩够了再开展业务。玩了几天后，这位经理想起了自己带来的那一批员工，他想着员工们一定按照自己的安排，努力学习，积极拓展业务吧。于是，他急匆匆地来到了公司，想看看是不是这个样子。等到他回到公司后，他立刻傻眼了。原来，这些新员工本来对业务就不熟悉，现在到了一个新的地方，非常需要别人教他们，但是最熟悉业务的经理自己却跑出去玩乐了。他们没有可以请教的对象，再加上没有人管，因此都懒懒散散，睡觉的睡觉，上网的上网，还有凑在一起打牌的。

这位经理简直气坏了，他严厉地教导了这些下属，让他们在规定的时间内完成他制定的任务。员工们接受了这样的任务要求，纷纷开始行动起来，但对于这些业务很不熟悉的新员工来说，经理制订的任务计划几乎就是不可能完成的，大家在巨大的压力之下怨声载道。

让员工们好奇的是，他们总也看不到经理扩展业务的行动，有人甚至开始怀疑这位经理对业务是不是真的很熟悉。在一些员工的调查下，他们发现，自己的经理原来整天都在游山玩水，根本没有把集团交给的任务放在心上，他只会要求下属们如何如何。

员工们立刻将这些消息报告给了集团老总，很快，集团老总就在调查后罢免了这位经理的职位。集团老总在公司的会议上向员工们说："在这个世界上，一个人要想领导别人，就先得做好自己，如果自己都不能克服懒惰和懈怠，哪里有资格去教训别人要勤勤恳恳呢？"

每一个人都应该时刻想着努力，并且长期保持学习的热情，即使是已有所收获者，也不可放纵自己，有一丝懈怠和懒惰。

"书山有路勤为径，学海无涯苦作舟"。学习是永远没有尽头的，这世上有太多的东西需要我们去学习，没有一个人会因为一时半会儿的学习就能够一劳永逸，获得永远的成功。因此，不管你现在学到什么程度，或者处在学习的哪个阶段，都应当每天都保持努力精进的状态，勤勤恳恳地学习。

> 观天地生物气象，学圣贤克己功夫。谛观少言说，人重德能成。
> ——弘一法师

读书切不能三天打鱼，两天晒网，读罢一本书便以为是读了书，应当坚持读书，多读好书，长此以往，你的知识修养才会有所提高。

弘一法师非常提倡读书，他认为，读书的好

处太多，既可以增加知识，又可以沉淀心灵，也算是一种修行。的确如此，我们集中精神读一本书的时候，可以全神贯注地让自己的心灵遨游在知识的海洋中，这样不单是学到了很多文化知识，更让我们的心潜移默化地得到沉淀。当然，读书还应该讲究正确的方法和端正的态度，这也关系到，你是否真正地读懂了书，读懂了作者们的心意。只有用心去诵读，用心去理解，才能体会到人世间的真谛。

人们常说，一个从不读书的人，他的生命就如同沙漠一般荒芜寂寥，寸草不生。而如果是一个知道读书，但却不能坚持不懈的人，那么他的人生依然会有所停滞，这样他的人生依然不够丰满。也就是说，读书其实主要为了让你养成坚持学习的好习惯，在坚持读书的过程中逐渐培养出一种刻苦上进之心，以及坚韧不拔的毅力，而这些品德在你以后的生活中会起到举足轻重的作用。弘一法师在出家之前就已经是一位学有所成的老师了，他一直坚持读书的好习惯，和勤奋不懈的精神也深深影响着学生们。这世上，有一部分人，被称作智者，他们可以做到读书百遍其义自见的境界，但这并非是因为他们比其他人更有天赋，而是因为他们已经读了太多的书，并且积累了很多经验，悟到了很多道理。坚持不懈、积少成多，融会贯通后，这些人便会有大的顿悟。如此看来，经验是在不断行动中得到的，而聪慧也是要从每天点滴的学习中积累起来的，弘一法师尚且每日坚持诵经，我们又怎能懈怠偷懒，停滞不前呢？不如从现在起，坚持勤恳地读书吧！

## ◎ 士先器识而后文艺

古时有位画家虽然画技很高，但是人品实在不敢恭维，此人就是元末的倪云林。他是一位非常自负的名士，品格傲慢，脾气倔犟，能被他放在眼里的人还没几个，于他而言，只要是庸俗之人，不但没有礼貌可言，反而白眼以待。

巧的是，倪云林碰到一个非常赏识他画作的人，叫做张士信，这位正是造反英雄张士诚的兄弟。有一天，张士信因为十分喜爱和欣赏倪云林的画，便差下人特地送去金银和丝绢等厚礼，恳请倪云林为自己画一幅画。

不承想，这倪云林倒是一点儿情也不领，他满心怒气地对着张家来人撕烂了送来的礼品，而且还吼道："我一生洁身自好，如何能做王门画师?!"张家下人回去将事情一五一十地告诉了张士信，他听罢也是怒气冲冲，这倪云林分明就是不给自己面子，于是他便对倪云林记下了一笔。终于有一日，冤家路窄，张士信和倪云林又狭路相逢了。张士信与其友人在太湖上游船赏景，一股淡淡的香味飘了过来，他一边欣赏地点头，一边说这香味肯定是高人雅士所传，其友不信，于是便命下人过去一探究竟，谁承想，不是别人，碰巧是倪云林。

见此状况，张士信记下的一笔仇又重新被点燃了，他气呼呼地叫下人把倪云林绑了过来。二话不说，下令杖责。倪云林一声不吭，任凭他们怎么打，甚至自己身上已经皮肉开绽了，他依旧憋着不吭一声。

"你一点儿都不痛吗？痛了可以叫出声吗？"张士信挑逗地问倪云林。

"出声？一出声，不就俗了?!"倪云林轻蔑地瞪了一眼张士信。

本以为倪云林是条硬汉子哪里想到他是死要面子活受罪呢，张士信想到这里一下子哈哈大笑起来。

**倪云林若是不肯作画，完全可以好言相拒，又何必出口伤人，做出过分的举动呢？** 倪云林的才华和学问，古今都有目共睹，但他的品性傲慢，举止无礼，在处理人际关系上还是有很大欠缺的。虽然才华横溢，但是骄傲无礼，这说明他在做学问之前，没有先修好自己的心智。

这里还有一个故事，说的是北宋才子黄庭坚。

黄庭坚在年轻的时候因为做得一首好诗，写得一首好曲而闻名江南。因为精通音律，他创作的乐府词、长短句被广为传唱，尤其是华丽柔美的词句，深得女子的喜爱。但是并非所有人都对黄庭坚的曲词赞赏有加，庐山圆通寺的禅师就是其中一位。禅师平时为人正直，严厉有加，他在见到专程来拜见他的黄庭坚时并没有表示高兴，反而是毫不客气地问道，你是不是大丈夫呢？大丈夫就应当满腹经纶、心中有乾坤，应当多写写对天下苍生有益的文字。风花雪月、爱恨情仇般的雕虫小技写多了就是浪费时间！

黄庭坚听了禅师的话，很是不解，自己是那么多人推崇和羡慕的文豪，怎能如此被贬低。禅师见黄庭坚一脸疑惑和不服气，便开示他说，著名画家李伯时在学习画马的时候已经达到了走火入魔的境地，在画技炉火纯青的时候，依然坚持，他常常将自己想象成一匹马，将马的习性了如指掌，最后，他笔下的马惟妙惟肖、淋漓尽致。而你呢？如果还依然满足于过去的风花雪月、沉迷于曲词中，那最终你的性情将会随之改变，这样下去还能有什么进步呢？

"禅师莫不是也想将我放进马肚子里吧？"黄庭坚依然油腔滑调。

听了此话，禅师有些生气，他以为可以一语点醒黄庭坚，不想他这般沉迷不悟，于是义正词严地说，现如今你每日用些柔曲绵词吟造风花雪月，在世人心中也种下了浪荡之情，这样下去，越多的人欣赏你，越多的人就会受你影响，社会风气也会因你而败坏，如果你还不知悔改，恐怕将来就不是入驴马之腹，而是下十八层地狱了。终于，黄庭坚知错了，他向禅师忏悔，以后再也不写那样的文字了。后来，他写的诗词风格有所变化，语气豪迈、内容丰富、包罗万象，终于不再是一股子风花雪月的柔媚了。

常说字如其人，一般情况下，字写得刚正，那么人品也多为正直，所以说如果一个人性格变了，那么他的文字也会随之改变。因此，要想有所为、有所学，首先要修养自己的品德。

弘一法师也是将这个原则用自己的行动证明给我们了——"先器识后文

> 诸君到此何为？艺徒学问文章，擅一艺微长，便算读书种子？在我所求亦恕，不过子臣弟友，尽五伦本分，共成名教中人！
> ——弘一法师

艺"。他说，各位君子到底是为何而来到了广州香山书院呢？难道就是为了来学学写文章，学个一技之长就算是变成圣贤了吗？在我看来，大家一起学习孝、忠、诚、信的品德，一起恪守五伦的本分的过程才是真正走上圣贤的途径。一个没有伦理道德的人，往往是脾气暴躁、性格傲慢、为人不诚，他们即便是坚持学习，也不会学到更多的知识，领悟不了人世的礼仪道理。即便是学习的天赋再高，文章写得再好，一点儿也没有用。

所以，我们就不难解释，为什么身边很多同龄人，一起开始学习，但是经过十几年的学习，长大后，会有人平步青云，会有人误入歧途。因为在学习的过程中，每个人因为家庭环境教养不同，天赋不一，努力的程度也就不一样，因此最后学习的结果也会天差地别。

# 第二课
## 观天地生物气象，学圣贤克己工夫

◎ 慎独者，独圣也

清朝刘忠介曾说过这样一句话，大概意思就是，当一个人独处的时候一定要非常谨慎自己的言行举止，反思自己在独处时的心思变化，重视自己的仪容外表，知道最起码的伦理道德。

这对一般人来说的确属于高层次的修养了，但是弘一法师确实一直以来就是这么要求自己的。他说，一个人有没有修为，不是看他在你的面前所表现出来的作为，而是应该在他一个人独处的时候看他是否和在你的面前表现出来的行为一致？如果人前一套，背后又是另一套，势必非君子所为，到了还是个道貌岸然的伪君子。因此，弘一法师对自己要求，必须在独处的时候，坚持"慎独"的精神，严格要求自己的行为。

除了弘一法师，东汉时期的杨震也是一位代表人物。

杨震博览群书、才智过人，在当地被称赞为"关西孔子"。在他为官期间，一直保持清正廉洁、洁身自好。有一次他从荆州的刺史调到东莱去做太守，路上正好经过昌邑，不想到了昌邑才知道，这昌邑县令正是他的老熟人王密。因王密曾经是杨震亲自举荐的秀才，所以当他再次见到杨震的时候，非常兴奋，心想机会难得，就备了一份厚礼，来送给杨震。

金灿灿的十斤黄金摆在杨震面前，他突然明白了王密的意图，当场翻脸，怒然拒绝。他严肃地对王密说，原以为你是为官之人了，应该同我一般，应该了解我，不想你却做出如此行为，叫我难堪。王密听到这话，还以为是老师怕这事儿会被其他人知晓，对仕途不利，便解释说，区区薄礼感谢老师也是应该的，再说天色已黑，没有人会知道的。杨震更加生气，什么叫没有人会知道，天知地知你知我知，怎会无人知晓，你我都不是人吗？王密终于看出老师是真正的清正廉洁了，当下就红着脸，带着礼金回去了。

在官场中，虽是无人监督，虽是师生情谊，但是杨震依然严格要求自己，保证廉洁的态度，这就是慎独者，当然也是一位独圣也。后来，杨震又调任其他郡做太守，但是依然坚持清政廉洁，秉公执法。他家境一直不太宽裕，粗茶淡饭、以步代车，朋友们也劝他还是要为后辈们稍微着想一下，不能一穷二白的，以后子孙们会埋怨的。但是杨震说，子孙自有子孙福，况且我要让后世人叫他们清官子孙，他们还能埋怨不成？这恐怕比我留给他们再多的金银财宝还要有价值吧。

最后，杨震去世了，朝廷将他安葬在华阴潼亭，并用石碑载刻了他一生的功德，也是希望他忠于国家忠于人民，清正廉洁的精神能够传承下去，而他作为"慎独者"，对自己严格要求也值得后人推崇和学习。

曾经有一位叫陆九渊的人说过："慎独即不自欺。"就是说即使你独自一个人时，也不要欺骗自己，去做坏事，而是要比在别人面前的时候更加知道廉耻，更加严格要求自己。

当然，这句话如果真正实行起来就没有那么简单了，一个人的时候，往往会放松自己，无论是身体还是精神上都可能会放纵自己，然后就是一个不慎的念头，很可能就导致一个人犯错，甚至是让他心里的黑暗小火苗越长越大，直到有一天，罪恶积累，会烧毁自己。所以说，这个世界上有太多太多的诱惑，我们必须忍受孤独，必须谨慎言行，以免被

敬畏独处之时。
——弘一法师

罪恶吞噬。因此，我们只有把品性修养变成自己内心的一种需求，才能做到"慎独"，而"慎独"并不是为别人而慎，是为自己，因此说是"独圣"也，一个真正的圣贤者，在任何时刻，任何地点都不应该放纵自己，而是保持一颗追求高尚的心，让自己的品性得到提升，做一个自尊自爱的人。

## ◎ 知为知，切勿装

有这样一个关于培训师的故事。

有一个姓张的老师，平时吊儿郎当，工作不太上进，但是却很喜欢吹牛。有一天，培训学校来了一批新的学员，负责主讲的王老师正在给他们讲课，课堂的气氛非常活跃，同学们一会儿惊叹声，一会儿掌声，互动也很多。下课以后，同学们依然回味着课堂的趣事，夸奖王老师的课讲得好，太有吸引力了。

这时，碰巧张老师路过，他听到同学们一个劲儿地夸王老师，心里很是忌妒和不屑，于是站在同学们中间，说了一句："就这样的，也算讲得好啦？你们真是没见识过什么叫更好！"这句话倒是吸引了大家的注意力。

"难道你比王老师讲得还好吗？"人群中有同学问了一句。

"那当然，我当培训师的时候，他还是个学生呢。"张老师不假思索地脱口而出。

同学们一下子活跃起来，原来张老师更厉害，如此看来他肯定比王老师更加学识渊博，课讲得也更好。于是同学们就提议让张老师来为大家讲一节课。张老师看着大家对自己略有崇拜的样子，暗暗开心，于是他又开始进一步摆起谱来。

"哎哟，我实在是太忙了，没空啊，稍后还有个老总请我吃饭呢，等我有时间的时候再给你们讲课吧。"说完之后就离开了。

其他人对张老师就更加敬佩了，都希望有一天他能够给他们好好讲一节课。张老师就这样吊着其他人的胃口，过了很久。

后来有一天他被很多学员堵住了，学员们都要求这位传奇一样的老师能够给他们讲一节课。张老师被众人围得没有办法，只能同意给他们讲一节课。学员们有了以往的经验，于是都不愿意放张老师走，都希望张老师能够即兴给大家讲一些东西。

此时的张老师脸色通红都不知道该给他们讲什么了，而学员们则在一个教室里坐得很端正，等待着张老师开始讲课。

最后张老师没有办法，只能将之前听王老师讲过的内容给这些学员讲了起来，但是讲了不到5分钟，下面好几个学员都纷纷说："这些王老师都已经讲过了。"张老师没有办法想要换一些新奇的给学员们讲，但是自己又没有什么东西可以讲，只能在讲台上脸憋得通红。

最后学员们纷纷从教室里出去了，而张老师变得更尴尬了。

其实有些时候"知之为知之，不知为不知"，千万不要不懂装懂。你不懂别人不会说你什么，而一旦你不懂装懂，那么别人就不会再尊重你了。我们在为人处世的时候一定要注意这一点，平常的时候可以多学习一些知识，不断去修炼自己，而不是将不懂的东西说成是懂的东西，这样终究有一天会被人拆穿，就像故事中的张老师一样，一旦被人拆穿之后就会变得非常尴尬。

弘一法师也说过："强不知以为知，此乃大愚。"把不懂装懂，不知当作知，这种自欺欺人的行为其实是再愚蠢不过的了。因为谎言迟早会被别人识破，到头来只会自毁名声。

孔子曾曰："知之为知之，不知为不知，是知也。"这句话真是表达了一种实事求是的态度，不管做什么事情，知为知，切勿装，这才是大智慧。孔子与弘一法师的观点一样，都是在教导人们以诚相待，若是求学修身的话，更应谦虚、恭敬，认真学习，用知识来弥补自己的不足，这样学问才能不断地得到提升，品性和修为也会得到提高。当然，一个骄傲自负的人，不会向别人低头学习，即便是自己不擅长的也会不懂装懂，装出一副知晓天下事的样子，长期下去，他就会得不到任何进步，学问不见长，品德反而会降低。

> 强不知以为知，此乃大愚。
> ——弘一法师

一味地坚持不懂装懂，不但是对自己的不负责，更是为自己以后的发展道路设下了一道厚厚的障碍，以至于自己无法逾越，这也就是为什么弘一法师认为"此乃大愚"的原因了。

如此看来，无知并不可怕，因为这个世界上没有谁一生下来就是天才，也没有人就理所应当地需要懂得所有事情，每个人都是在不断地学习中获取知识，明白道理的，这是一个漫长的学习过程，即便是学得慢也没有什么丢人的地方。

做学问，就要实事求是，一步一个脚印地来，知为知，切勿装！

# 第三课
# 以圣贤之道出口易，以圣贤之道躬行难

## ◎ 世间之法皆存于心

曾经有一个年轻人因为多次失意而变得意志消沉。

有一天，这个年轻人不远万里来到一家寺庙拜见一位老僧，希望能够得到老僧的帮助。他来了之后就对老僧说："我认为现在的生活一点意思都没有，我这样活下去还有什么意义？"说完之后还发了很多牢骚。

老僧一直很安静地听着这个年轻人的抱怨，听完之后就对身边的小和尚说："这位施主从远方而来，你去拿一壶温开水来。"

小和尚去后不久就提来了一壶温开水，老僧将一些茶叶放在杯子中，然后用这壶温开水沏茶，并且微笑着递给这个年轻人。

虽然茶杯中冒着热气，但是茶叶并没有展开，年轻人感觉很奇怪，说："贵刹为什么喜欢用温水煮茶呢？"

老僧只是笑了笑，并没有回答他。

年轻人在老僧的要求下，喝了一口茶，然后感叹着说："这样喝茶，一点茶香都没有。"

老僧则说："这可是上等的铁观音，怎么说没有茶香呢？"

年轻人于是又喝了一口茶，然后说："我还是没有尝到任何的茶香啊。"

老僧则笑着喊来了小和尚，然后说："你再去煮一壶沸水来，火速送过来。"

不一会儿小和尚提来了一壶烧开的沸水，这个时候老僧拿起一个杯子，然后同样放了一些茶叶，再用沸水泡了茶，然后将茶杯放在年轻人的面前。

这一回，年轻人看到茶杯里的茶叶慢慢舒展开来，一股浓烈的香味从杯子里飘了出来，他匆忙想要喝上一口。

看到年轻人想要喝茶，老僧挡住了他，再次倒了一些沸水到杯子里，这一次杯子里的茶叶被泡得更开了，茶香味也更浓郁了，让整个禅房里都充满了香味。

老僧不等年轻人询问，一共添了五次开水到茶杯中，茶杯终于满了，就要溢出来了。年轻人看着这样一杯散发着茶香的茶水，忍不住喝了一口，然后只觉得一股清香沁人心脾。

老僧则笑着说："施主，同样是一杯铁观音，为什么两杯的差距居然这么大呢？"

年轻人想都没有想就说："因为师父用的是不同的水泡的，所以味道有所不同。"

老僧点头说："是的。因为沏茶的水不同，所以茶叶在水中的沉浮也有所不同，茶味散发的程度也有所不同。刚开始我用温水泡茶，茶叶只是浮于水面，并没有展开，自然没有任何的清香可言；后一次我用的是沸水，茶叶在反复地冲泡中沉沉浮浮好几次，彻底就泡开了，自然就散发出来所该有的清香和味道。这样的茶叶才能够让你感受到四季的变化和魅力。其实人世间的众生和这茶水一样。沏茶的时候如果用的水温度不够高，则无法沏出茶水的香来。在人世中如果自己的修行和努力还不够，那想要任何事情都顺心顺意就不可能了，施主如果想要在人世间有所作为，还需要认真修炼内功啊，只有努力提高了自己的能力，而不是整天怨

> 圣贤绝无标新立异，外表生活与凡夫并无不同，所不同者，存心而已。在世间法中觉悟，即是佛法。
>
> ——弘一法师

天尤人，这样才能够最终获得成功。"

年轻人在老僧的讲解下终于明白了其中的道理，重新整理自己的内心，然后下山了。

圣贤之所以是圣贤，并不是因为他的法力有多么高深，而是因为他们内心的强大，因为他们内心的丰盛。他们能够重新开始，不断提高自己的修行和自己的能力。当然对于普通人来说，如果想要提高自己，让自己在未来中获得成功，也需要不断提高自己的能力，让自己不断得到进步，并不是说效仿某个人的成功你就可以成功，殊不知，圣贤之道并非是标新立异、求异弃同，而是在平凡的生活中不断获得能量，让自己每天都有所进步。

书本、老师、同仁还有其他的人对我们只有引导的作用，并不能教给我们即学即用的知识，我们要想将学到的知识变成能够驱使的工具，还需要在自己的内心中不断消化、体悟和吸收。所以，我们在求学的过程中不要太看重名校，也没有必要太过于迷信权威，因为就算你接触的是世界顶级的，我们自己也并非即学即用，甚至学了一段时间之后仍旧无所收获。对于任何知识，如果想要精通，还需要自我的领悟。

## ◎ 诱惑是检验意志的试金石

看到这句话的人都有自己的理解，面对诱惑能够不动摇的人，才算是真正有德行的人；遭受到了很多次打击还能够坚定立场的人，才算得上意志力坚定的人。而在此之中，李叔同将"花繁柳密"看成是"种种诱惑"，则是因为自己的亲身体验，他就是一个面对"种种诱惑"而不动摇的人。

1927年，俗侄李圣章受教育界同人之托，希望李叔同能够到北大任教，他断然谢绝了；1938年，国民政府大员邀他出山参政，面对高官厚禄的诱惑，他还是选择了拒绝……通过一系列的谢绝换来了他的坚定，自然也成就了李叔同"念佛救国、普度众生"的人生大业，他是天地之间真正的君子。

其实历史上像李叔同一样的正人君子还有很多，其中段干木就是一位。

段干木是孔子的弟子子夏的得意门生，他是一个不愿意当官的人，他将自己的所有精力都放在了经商上，因为他经营非常讲究方法，而且重视诚信和信誉，很快他就成为远近闻名的商人。

韩、赵、魏三家瓜分晋国之后，魏文侯魏斯主宰着魏国，魏文侯对段干木的才干是早有耳闻。于是有一天魏文侯亲自到段干木家拜访他，希望他能够出山辅佐自己的天下。

魏文侯一行人来到段干木家中，侍从将他们此行的目的告诉了段干木的家人，希望他们能够告诉段干木。段干木知道是魏文侯亲自来了，而且是邀请自己出山非常感动，但是他是一个淡泊名利的人，不愿入仕，于是让家人转告魏文侯："段干木现在人在外地，不在家中。请大王早早回去。"魏文侯没有见到段干木非常扫兴，但是段干木在魏文侯心中的形象变得更加高大，魏文侯更加器重这个不爱才名的奇男子。

之后的一天，魏文侯路过段干木的家门前，他特地站在车上，手扶着车前的横木，注视着段干木的家门，希望能够看到段干木然后邀他一起共商大计，侍从看到之后，说："大王，段干木虽然是远近的贤人，但是也太过于自大了，就连大王都不放在眼里，他也只是徒有虚名，他的学问怎么可能和大王比呢？"

魏文侯听到自己的侍从这样说非常生气，他说："住口！段干木有真正的治国之才，他还是一个不贪图荣华富贵的人，这种人值得我敬佩。虽然现在他住在这样的地方，但是你没有看到他

> 花繁柳密处拨得开，方见手段。风狂雨骤时立得定，才是脚跟。
>
> ——弘一法师

特别受到当地老百姓的爱戴。"侍从听后还有些不甘心，他说："既然他真有本领，为什么不到官中辅佐大王呢？听说上次我们去他家中，他根本不是外出采购货物，而是躲在家中不肯出来。试想这怎么是君子所为？"

魏文侯听后说："那么你告诉我寡人和段干木有什么区别？"

侍从回答说："您是一国之君，他只是一介草民，国君和草民怎么能够相提并论呢？如果您是闪光的金子的话，那么他就是一块顽石。"

魏文侯说："你完全错了，我同他最大的区别是：他注重的是品德和修养，而寡人看重的则是权力和疆土；他注重的是道义，寡人更看重战争胜利。这样你应该可以看出到底是修养重要还是疆土重要，到底是道义重要还是战争胜利重要？你们就是因为不明是非才只能做一个侍从，而永远无法做寡人的大臣。"

金钱、名誉、地位……这些东西在一般人的眼前时刻闪烁着诱人的光芒，但是有操守的君子则对此视而不见，李叔同是这样的人物，段干木同样是这样的人物。

人的德行和意志经受的最大考验就是诱惑，在诱惑面前还能够屹立不倒的人，才可以说是真正的德高之人；而那些在诱惑来临之后就倒下的人，则会被人们所唾弃。至于我们每个人应该怎么做，自然不必再多说了。

# 第四课
# 以切磋之谊取友，则学问日精

◎ **懂得学习别人的人才能够弥补自己的缺点**

稳重可以弥补轻佻、踏实可以弥补浮躁、和缓能够弥补急躁、温柔和顺能够弥补刚强暴戾、沉厚能够弥补肤浅、浑厚能够弥补刻薄。从表面上看似乎在告诉人们该如何弥补自己性格的不足之处。但另一方面似乎也是在说人无完人的道理。每个人的身上都有这样或那样的缺点，我们只有不断要求自己、不断提高和弥补自己的缺点，通过积极向他人学习，才能够让自己拥有更多的优点。

弘一法师是个德高望重的人，他得到了他的弟子及其他人的喜欢、敬仰和爱戴。但是他一直认为自己没有达到"完美"的境地，他总是很谦虚地说："我还有很多地方不如别人，我还需要向他人学习。"一代大师尚且如此，更何况我们普通人呢！

古今中外有所成就的人，都是善于向别人学习的人。

赵武灵王和成吉思汗，他们都是懂得向他人学习的人。

赵武灵王是赵国的国君，他是一个很努力的人，当时赵国和周边的胡人经常有摩擦，他发现胡人的短衣长裤在骑马作战时非常灵活，于是就主张汉人也开始尝试这种衣服。当时遭到了很多人的反对，但是他力排众议，首先开始穿这种衣服，并且开始学习骑马和射箭，还亲自训练士兵，赵国的实力终于得到了提高。

最后成为了战国七雄之一。通过这个故事我们就可以看到任何人都不要故步自封，我们只有不断学习他人的长处，才能够弥补自己的不足。

而"一代天骄"成吉思汗也是一个懂得学习他人的人。

成吉思汗并不是我们想象的那样战无不胜，在很多战斗中他的部队都处于劣势，但是在最终的结果中他却可以反败为胜，这到底是为什么呢？除了成吉思汗本身的英勇善战之外，还有一点就是他特别善于向别人学习，甚至是向敌人学习。

而且成吉思汗对于工匠的兴趣很大，每次战争之后凡是俘虏的工匠他都不杀，他将他们带到大漠中，让他们从事生产劳动。因为当时蒙古生产技术落后，而且非常缺少工匠，所以成吉思汗就想到了这样的办法，他的这种行为也促进了蒙古的发展，这些工匠不仅为他制造了战斗中用的装备，而且为农耕生产也提供了不少工具。

成吉思汗还将自己俘虏来的工匠作为一个独特的军种——工匠队，有人说这是有史以来最为特殊的一支武装组织。

充分利用俘虏来的工匠，这使得蒙古军队的战斗力和武器装备一直处于世界前列。他们当时就有抛石机、连发弩、"火焰喷射器"，甚至还学来了火药，通过改进将其用在战斗中，还建造了当时最为先进的火炮。而在蒙古的军队到达之前，欧洲人还不知道什么是火药。

成吉思汗借助的就是学习，从而弥补了他们的不足之处。这一方面表现了他作为一代天骄的雄才伟略，同时也展示了他善于学习的品质。

> 轻当矫之以重，浮当矫之以实，褊当矫之以宽，躁急当矫之以和缓，刚暴当矫之以温柔，浅露当矫之以沉潜，奚刻当矫之以浑厚。
>
> ——弘一法师

每个人都有自己的不足和缺点，我们不应该因为害怕或者担心自尊心受损而放弃面对自己的不足和缺点，这样对我们的发展一点好处都没有。我们应该做的是，清醒认识到自己的不足和缺点，然后吸取别人的长处，努力学习，通过这种办法弥补，这样我们才能够获得进步。

## ◎ 做任何事情稳中求进

一个人涵养的修行关键是一个"缓"字。不管是说话还是做事，都要讲究这个字。

很多人认为"缓"就是"慢"。其实并不完全是。这里讲到的"缓"其实是指：做任何事情都要循序渐进，按照一定的步骤一步一步来，不要盲目求快，如果求快就很容易导致某个环节出错，甚至发生意想不到的问题，到时候想要弥补就来不及了。

就算是大圣人孔子讲究的也是循序渐进，而不是一味求快。所以他也有"欲速则不达"的名言警示后人。

历史上曾经有很多人想要凭借法律来治理好一个国家，而到了现在同样有很多人渴望通过规定来治理好一家企业，其实他们的想法也没有错，但是很多时候单纯依靠法律并不能治理好一个国家或者企业，很多时候治理国家或者企业需要法治和德治的结合。

历史上有一些关于变法的例子，虽然这些变法不同程度上让该国的国力得到了很大的提升，而这些变法者也会名垂千古，但是很多变法者过于急功近利，导致了悲惨的下场。在现代也是这样，很多公司新招来一些负责人在公司中推行一些政策，但是往往因为自己过于急功近利，从而导致了最后的失败。

有一位赵经理受聘于一家大企业做部门负责人。在来到这个企业之后，他将之前企业中用到的一些治理的方法全部都沿袭了过来，结果很快在这个企业中取

> 刘念台云：涵养，全得一缓字，凡言语、动作皆是。
>
> ——弘一法师

得了一些成效。他在这个企业中工作了好几年，结果取得了很好的效果，在他的管理下，这家企业的整体面貌有了很大的起色。但是因为他的管理过于严格，太过于急功近利，最终得罪了一些人，其他部门的负责人对他非常不满意。

但是这个赵经理还是按照自己前几年的管理风格来管理公司，后来有几位朋友奉劝他说："现在企业已经有了一定的起色，而且你已经有了很高的地位，你可以改变治理方法了，建议你现在依靠品德去影响大家比较好。"但是赵经理不为所动，他还是坚持自己的做法。

结果就在此时，企业中一个老员工触犯了赵经理制定的规矩，他还是按照处罚其他人的方法对这位老员工进行了处罚，老员工一生气直接辞职回家了，这件事情惊动了企业的管理层，他们对这件事情进行了调查，并且对赵经理也做了一定的调查。慢慢地企业管理层对赵经理的权力进行了约束，最终赵经理在企业中做不下去了，只能选择离开。

无论是一个国家还是一个企业，都应该注意德治和法治的结合。规矩和法令主要是为了禁止人们的行为，而道德教化则是为了疏导人们的行为。如果上面故事中的赵经理能够懂得德治和法治的结合，那么就可以很好地管理企业。严厉是在宽容的前提下开始展开，这样不仅能够避免日后的大祸，还能让自己取得显赫的成绩。赵经理只是懂得去规定别人怎么做，但是却忽视了客观因素，一味地急功近利，使得自己遭受了失败，最终只能离开企业。

就像孔子讲到的"欲速则不达"。我们做事情是为了有一个好结果，我们就需要一步一步来，如果只求一时的痛快，那么之后肯定要受累。

# 第五课
# 一心凝聚，则万里愈通而愈流

## ◎ 敬畏慎独，在安静中享受快乐

曾经有一位女施主非常虔诚，她每天都要供奉佛祖。每天他还要从自家的花园里采摘一些花朵然后送到寺庙，以此向佛祖表达自己的诚心。

有一天，女施主像以往一样将鲜花送到佛殿，这个时候正好看到禅师从法堂里走了出来，禅师看到她之后非常高兴，他说："女施主真是虔诚，每天都要给佛祖供奉鲜花。根据佛家经典记载，那些经常给佛祖鲜花的人，来世肯定会得到一个良好的相貌。"

女施主听到这些话之后非常高兴，她说："这些都是我应该做的，因为每当我来这里礼佛时，就能感觉到心灵像经过了一次洗涤，能得到平静。但是回到家之后我的心就会很乱。禅师，我是一个家庭主妇，我每天的生活很简单，但是每天却总有烦心的事情，您能不能指点一二，我如何在喧嚣的尘世中仍旧保持一颗清净纯洁的心呢？"

禅师对这个问题并没有回答，问道："你现在每天都送来鲜花，想必你对花草很有认识，那么请问你是如何保持花朵鲜艳的？"

女施主回答说："如果想要保持花朵鲜艳的话，首先就是要给它们每天浇水，我还会在换水的时候将一些花梗剪去，因为如果不将腐烂的花梗剪去，就会影响花朵吸收水分，这样花朵就容易凋谢了。"

禅师听后非常满意，他笑着说："这不就是女施主想要的答案吗？如果你每天都想保持一份清静的心，和鲜花保持新鲜其实一样。我们现在生活的环境就像是一瓶水，而我们则就是瓶子里的花，只要每天都去净化我们的心，通过不断地反省和忏悔，我们就会改变我们身上有如腐烂的花梗一样的陋习和缺点，这样我们的气质就会改变。"

女施主听完之后感悟了很多，说："真没有想到，答案其实就在我的身边，多谢禅师的开导。"

这个故事在告诫我们，当我们独处的时候，我们更加要谨慎，一定要保持一颗宁静的心，懂得善于反省的道理，去除心中的杂念，就像是女施主剪断腐烂的花梗一样。

当一个人独自居住时，因为暂时离开了舆论的压力，听不到外界的声音，自己内心的道德观念就会受到一次挑战，一旦品行不好，就很容易陷入偏离道德规范的旋涡中；而品性好的人则可以远离这种旋涡。君子在独处的时候更应该约束自己的行为，思想要谨慎，行为同样要谨慎。

《辞海》中也对慎独有所解释，一个人在独处的时候，做任何事情都应该谨慎，不要松懈。

《大学》中对于慎独的解释是"诚于中，形于外"。

幽独之时心静如水，方能体味与世无争的好处。在经过了慎独之后，即使再大的问题也能够坦然面对，也能够把握好自己的人生方向。这样我们就可以更加顺从于心，而非逆行于表。能够抵达慎独境界的人，不会追求时时彰显自我的人生，他们不会渴望惊世骇俗的生活，他们更能领悟冷静之后的收获。

有时候在独处的时候，幽暗的事情会在心中不

> 宜静默，宜从容，宜谨严，宜俭约。
> ——弘一法师

断滋生，自己的内心一旦觉察到，就应该果断剔除。细微的腐烂虽然觉察不到，但是只有通过内心强大的力量才能够限制其不断生长。所以，弘一法师告诫我们，君子独处的时候应该更加谨慎，通过正确地指引，我们才能够剔除心中的"腐烂"。

体会慎独，是一件说起来容易做起来难的事情。我们修炼慎独的第一步就是将自己置于孤独之中，让自己能够承受寂寞，然后耐得住沉思，放弃尘世间的浮躁和娱乐。等到我们在充分安静的情况下，才可能面对完整的自己，从而认清自己和剖析自己，通过对自己的审查看到自己的真实意向和欲望。等到完成这一步之后，就可以实行第二步了，那就是自我规范和约束，在安静的情况下约束自己的行为和思想，这种约束不是为了任何的外在目的，而是将自己的人格和尊严得以升华。

只有多一份敬畏之心，才会多享受一份宁静。要知道慎独能够给我们带来一生享用不完的财富。

## ◎ 从善念中提高自我修养

我们来看一个很久远的故事。

在一个古老的村庄里，有一个雕刻师傅非常出名。因为雕刻师傅的技艺出众，所以方圆百里的人都愿意来他这里雕刻物件。有一天，一个寺庙里的师傅们听说了他的技艺，于是央求他为寺庙雕刻一尊"菩萨像"。

这个寺庙的距离比较远，所以这个雕刻师傅不是很想去。而且去那个寺庙的路上要经过一座山，据说这座山上有鬼，如果在晚上经过这个山，很容易遇到非常恐怖的女鬼，很多人因此而丢失了性命。就连雕刻师傅的亲戚和朋友也都劝阻他不要去，他们都认为这件事危险性太大。如果要去，也一定不要晚上出门，一定要等到白天再出发。

雕刻师傅是个老实人，他架不住和尚们的再三邀请，为了不耽误行程，于是感谢了大家的好意之后，连夜动身，希望自己不要耽误和尚们的计划。

雕刻师傅出门不久天就黑了，他看到了头顶的月亮和星星。走了一会儿之后，雕刻师傅似乎看到路边有一位女子，她的神态非常可怜，草鞋也破了，面容中写满了疲倦，她的样子非常狼狈。雕刻师傅是个善良的人，他就停下来问这个女子说："姑娘，你怎么会一个人在这里，我能帮助你什么吗？"

女子对他说："老人家，我要去山的那头看望病重的老母，只可惜我现在走不动了。"

雕刻师傅感觉这个女子非常可怜，于是答应背她一程。

在月光下，雕刻师傅背着这个女子走了很远，但是实在走不动了，于是他就停下来休息。

此时这位女子对雕刻师傅说："老人家，难道你就不担心我是传说中的女鬼吗？你为什么不赶紧走自己的路，还要来背我？"

雕刻师傅说："是的，我要赶路。但是我真的不忍心将你一个人扔在这里，如果你遇到什么危险的话怎么办？我背着你虽然累一点，但是总算两个人在一起还有个照应，有了危险还可以相互帮助。"

休息了一会儿之后，雕刻师傅发现身边居然有一块上好的木头，于是他一时心动，就拿出随身携带的雕刻工具，然后照着女子的容貌开始雕刻起来。

女子感觉非常奇怪，于是就问他说："师傅，你在雕什么啊？"

雕刻师傅非常有兴致地说："我现在是在雕一个菩萨像。我看你面容姣好，而且慈眉善目，所以想依照你的长相雕塑一尊菩萨像。"

一直很安静的女子听了这些话之后，突然哭了起来，因为她就是一直被人们认为的杀人女鬼。其实在几年前，她一个人带着自己的女儿想要翻越这座山头，不想遇到了强盗，因为没有人帮助，她一个弱女子无力反抗，不仅被强盗奸污了，而且这些强盗还杀死了她的女儿。悲痛欲绝的她跳崖自杀之后就成为了一个可怜的厉鬼，她经常在晚上出没，专门夺取晚上出门人的性命，以此来削减她心中的怨恨。

> 茅鹿门云："人生在世，多行救济事，则彼之感我，中怀倾倒，浸入肝脾。何幸而得人心如此哉！"
>
> ——弘一法师

但是满心仇恨的她怎么也没有想到碰到了这位雕刻师傅，而且这位师傅还说她的长相和菩萨颇有几分相似，百感交集的女子受到了点化，突然化作一股光芒消失了。

雕刻师傅第二天早上赶到了寺庙，大家对他的及时赶来非常惊讶。而且从那天开始人们在翻越那座山头的时候再也没有碰到什么索命女鬼了。

在我们生活的这个世界上，人的本性都是善良的，没有人愿意被别人怨恨，而一些人心中的罪恶都是因为曾经遭受过罪恶的侵害而生成。世界上的所有人都希望被别人接纳，有时候一个小小的善良举动就能够拯救一个灵魂。

在这个故事中的女鬼对人世间充满了仇恨，但是她还是希望被人们所接纳，她渴望得到别人的帮助。其实不仅仅女鬼是这样，世界上所有的人都是这样。

在我们遇到劫难和困苦的时候，如果没有人能够站出来帮助我们，我们每个人都有可能成为故事中的"女鬼"，我们或许也会对这个世界充满了绝望和仇恨。

一旦明白了这个道理，我们就应该学习雕刻师傅的精神，拿出一颗善良的心来对待和接纳所有人。

谁都知道要迈出这一步很难，但是我们还是应该努力克服自己的恐惧和怀疑，用一颗友善之心对待陌生人。这种接纳对于我们自己来说也是一种挑战和考验，这种接纳也并非是停留在口头上的接纳，我们要用实际行动去帮助别人。

弘一法师在这方面做得极其出色。他主张人的一生中应该多去帮助别人，体现自己的价值，这是一件非常光荣的事情。

当我们真诚地帮助了别人，对方的心中肯定会感激我们，他们所投来的感激的目光，会对我们整个人有"中怀倾倒，浸入肝脾"的感觉。当被我们帮助的人感谢我们时，他们也得到了快乐，我们也得到了一种无上的光荣，这难道不是我们共同的功德吗？

将帮助他人当作我们生活中的习惯，不要刻意去做，只要内心深处有一种愿意帮别人的心，在无形中就会去帮助人。而对于被帮助的人来说，这样的行为更能让他受益。

世界上有很多人一辈子都在追求名利，他们不过是想过上好日子，然后让自己的好日子尽可能长一些。但是这种追求还不如注入帮助别人的大潮之中，这样在内心的喜悦会高于一切，自我的修行也会提高到一定档次，在帮助他人的过程中可以得到更多的感悟，心灵世界也会更加丰富。

人生中不仅仅只有"为己"，人生中还应该善于助人。

# 第六课
# 有才而性缓，定属大才；
# 有智而气和，斯为大智

## ◎ 过于在乎外界的评价就会丧失自我

很多人都以为低调很不起眼，其实低调也是一种智慧的表现。成功之时不张扬，失意之时不自卑，能够做到这样的心境，自然会看清生活中的所有问题，一切的起起落落都会归于平淡。

弘一法师就是这样一位弯得下腰的低调大师，他曾经借用印光大师的话来警示自己："汝是何等根机，而欲法咸通耶？其急切纷扰，久则或致失心。"他认为，人们之所以喜欢张扬显摆，是因为太在乎外人的看法，而只在乎外人看法的人对于"低调"二字似乎是很难理解的。

给大家讲讲关于白云禅师的故事。

曾经，白云禅师在方会禅师的座下参禅，但是学习了很久，依然脑袋空空，没法开悟，而方会禅师也着急上火，绞尽脑汁，想尽各种办法来帮助白云禅师。有一天，他突然想到了一个问题，便问白云禅师是否记得他的师父是如何开悟的。白云禅师不太确定，只是隐约记得好像说师父是因为摔了一个大跟头，就突然开悟了。

方会禅师听完之后发出一阵冷笑，然后就离开了。白云禅师愣在那里，心里

> 弯得下腰，就是做人要低调谦卑，海纳百川，能屈能伸。
> ——弘一法师

想："难道我说错什么了吗？为什么方会禅师会嘲笑我呢？"

从此之后的好几天，白云禅师总会想到方会禅师的冷笑，而一想到就没有心思吃饭，好几次在睡梦中都被这种笑声惊醒了。他实在忍受不住这种煎熬，于是他前往方会禅师的禅房请求明示。

方会禅师听到他这几日为了那种笑声而苦恼时，就说："你还记得经常在广场上表演的小丑吗？你和他距离很近。"

白云禅师还是不明白，连忙问："这到底是什么意思啊？"

方会禅师说："小丑的目的就是博取观众的一笑，而你却担心别人笑。我那天只不过是冲着你简单地一笑，却没有想到你因为这个原因而茶不思、睡不眠，你对外界如此认真，我认为你连小丑都不如。你又怎么可以参透无心无相的禅法呢？你太执着于外界了，反而失去了你的真心，这样你会很痛苦的。"

白云禅师听后恍然大悟。

如果一个人对自己认识不够，心中没有一定的主意，就会受到外界的影响。总是被别人主导自己的喜怒哀乐，这样就会慢慢失去自我。

人世间，对于别人的态度和看法不要太在意，将外界的看法看淡一些，活出属于自己的你，这样你的生活会更加轻松，也会更加如意。顺着自己的路一直往前走，这样你就不会在乎别人的说法了。

## ◎ 以平和之心看待人世间的痛苦

曾经有一位饱经风霜的老人讲起了他的故事，他年轻的时候在战争中失去了一条腿；而到中年的时候，他的结发妻子因为病魔离他而去；而没过多长时间，他的儿子又在一次车祸中撒手人寰。他认为这个世界对他太不公平。于是他到寺庙中请求佛陀为他开示，希望能够从中解脱。

佛陀盯着老人看了很久，然后从院子里捡起一片落叶交给老人说："你看看，这片树叶像什么？"

这时已经是深秋天气，叶子大多数都已经枯萎。

老人看着手中的树叶，知道它是一片白杨树的叶子，但是它像什么呢？老人一时不知道该如何回答。

就在老人思考的时候，佛陀说："难道你不认为它长得特别像一颗心吗？"

佛陀的话让老人有所感悟，这片树叶长得的确和心有几分相似，老人的内心轻轻一颤。

佛陀走到老人跟前说："拿近一点看，看看上面还有些什么？"老人看得很清楚，树叶上面还有大大小小很多洞。

佛陀拿过叶子将它放在自己的手掌中，然后说："它在春风中生芽，在阳光中长大，等到了秋天的时候，他就结束自己的一生。在这个阶段中，它承受着蚊虫的叮咬、风吹雨打，最终变得千疮百孔，但是它在秋天来临之前一直没有凋零。叶子之所以能够坚持到最后，就是因为它对阳光、泥土和雨露等充满了热爱。如果这样看的话，你所遭受的那些苦难是不是也可以接受了？"

> 德盛者其心平和，见人皆可取，故口中所许可者多。
> ——弘一法师

每天我们能够看到升起的太阳的话，我们并不会认为这阳光是对我们莫大的赏赐；但是如果我们失去了光明，我们就会真正感觉到这种光明对我们是如此重要。

人的一生中总会经受挫折和磨难，但是只要牢记在我们的内心深处有幸福的种子，就能够开出美丽的花朵。不论生活中遇到了怎样的艰难，我们都要咬紧牙关，坚持下来，这样我们就会走向成功。

## ◎ 解决问题需要一颗平静的心

我们来看一件关于李叔同的小故事，或许通过这个故事可以看到他的定力功夫。

李叔同当时还在浙江第一师范学校任教，在一个课间有一个学生在教室里大喊："李叔同在什么地方？"在当时的社会环境中学生直呼老师的姓名是一种非常不礼貌的行为，这种行为是要接受处分的。但是那个学生也没有不尊重李叔同的意思，只是感觉这样好玩而已。

没有想到的是当时李叔同就在隔壁，听到这个学生的叫喊之后，他非常平和地走了过来，然后说："找我有什么事情吗？"在他的语气中听不到任何的不满和怨气。而等他来到教室的时候，那个喊他名字的学生早已经没有踪影。这件事情李叔同并没有放在心上，就像没有发生过一样。

李叔同的世界中总是以心平气和去对待任何事情，他认为发怒根本解决不了事情，有发脾气的时间还不如静下心来找到解决问题的办法。李叔同在没有出家之前是这样想的，在出家自后更是以此要求自己，而且还不断教导自己的弟子要这样做。

出家之后的弘一法师还给弟子们讲过这样一个故事。

> 勇者从容，智者淡定，越是真正有内涵和能力的人，越是低调、沉着、淡定从容。
> ——弘一法师

唐朝大诗人白居易去拜访好友恒寂禅师，此时正是酷暑天气，天气炎热难当，白居易到恒寂禅师住的寺庙里的时候，已经是大汗淋漓，但是他到禅房门外却看到恒寂禅师一动不动坐在蒲团上参禅。毒辣的阳光直接照在禅师的身上，禅师却面容平静。白居易对此感觉非常好奇，于是他就问恒寂禅师说："大师为什么不换个凉快一点儿的地方参禅呢？"

恒寂禅师回答说："天气很热吗？我怎么没有感觉到。"

白居易听后顿时大悟，随即作诗一首：人人避暑走如狂，独有禅师不出房。非是禅房无热到，为人心静身即凉。

保持一颗"心平气和"的心，听起来是一件很简单的事情，但做起来却相当不容易。世界上很多人的喜怒哀乐都会受到外界的环境影响，而自己对自己的心却没有十足的掌控能力。这样人们的情绪就会时好时坏，自然无法看出什么涵养来了。弘一法师却能够把控自己的内心，他是自己内心的主人，他可以很好地控制自己的情绪，从来不会因为自己的情绪去伤害别人，更不会因为外界的环境而影响自己的情绪，或许这就是深厚德行的体现吧！

# 第二讲　存养

　　每个人因受教育程度、生活环境以及接触的人不一样，见识也有所不同，所以每个人的涵养和处世态度也有着很大程度的不同。但是无论遇到哪种情况，人们都要懂得谦让和恬淡的生活态度，要有开阔的胸襟去面对喜怒哀乐，去面对人生中的成功和失败。

# 第一课
# 自家有好处，别人不好处，都要掩藏几分

## ◎ 待人宽容大度才能清净超脱

古时候有一个关于一位大司马的故事，这个故事还和他的妹妹有很大关系。

大司马有一次从京城到家乡探亲，亲戚们听到大司马回来了都纷纷前去探望，唯独只有他的妹妹没有去。他问了别人才知道妹妹得了麻风病，对此大司马毫不在意，派人将妹妹召唤了过来。

妹妹来的时候用衣服蒙着自己的脸，大司马看到这个情况之后决定去帮助她，于是对她说："妹妹，我认为你应该多做一些善事，将你的一些衣服和珠宝都变卖了吧，然后用这些钱来建造一个私塾，让小孩子都来读书多好。"

妹妹答应了大司马的提议，她按照大司马的话去做了。同时大司马还奉劝其他的亲戚也多做一些善事。

于是这些亲戚筹了一些钱建造了一所很大的私塾让小孩子们来这里读书。在这所私塾刚开始建造的时候，大司马对妹妹说："妹妹，在建造私塾的这段日子里，你每天都应该去扫地和打水，干些力所能及的事情。"

妹妹按照大司马的话做了，没想到没有几天病就痊愈了。

过了一段时间私塾建好了，妹妹邀请了当地的父母官和大司马以及亲戚们来用餐。用餐之前，父母官希望见到私塾的主要捐献者，但是妹妹却不敢出来见父

母官,最终在父母官的再三邀请下才愿意出来。

父母官问妹妹说:"你知道你为什么会患上麻风病这种可怕的疾病吗?"

妹妹说:"我不知道啊。"

父母官告诉她说:"我也不知道我说得对不对,但是我认为一个人只要能多做好事,心情就会愉快,而因为心情愉快了,自然就会远离病痛了。我认为这还是有一定道理的。"说完之后他看着大司马,大司马也对妹妹说:"是的,我同意你的看法。"

大司马借助这个故事劝告别人,他说:"我们在对待他人的时候不要狭隘,也不要因为自己一时的愤怒而做出愚蠢的行为,更不要对他人有忌妒之心。我们应该多做好事,保持愉快的心情。"

> 必有容,德乃大;必有忍,事乃济。
> ——弘一法师

超然不仅仅指一个人的品德高尚,还包含着一种离尘脱俗,也就是说要让人清净超脱,尽量不被物质的欲望所牵绊和束缚。就像古人说的"淡泊以明志,宁静以致远"的道理一样。

想要让自己变成一个清净超然的人并不是简单的事情,但是只要改变了自己的心态,想要改变起来也会得以实现。每个人的一生只有短短几十年,但是有些人却拥有良好的心态,他们能够做到不被物质的欲望所牵绊,每天都是快快乐乐的,对于任何事情他们都看得很淡,这样就能不被外界的不良之气所影响,长寿也就可以实现了。

在我们的生活中肯定会遇到不开心或者让人愤怒的事情,这个时候我们不妨学习一下弥勒佛的度量,领悟什么是内心的平稳和安静,这样怒气就会在不知不觉间消失,心灵就会得到洗涤。

任何人都会遭遇不幸的事情,但是对人和蔼,摒弃私心,最终就能够让自己实现情景超然的愿望。

## ◎ 谦虚退让让你保全自身

弘一法师一直认为谦虚是最好的保全自己的方法，而且他本人也一直遵守着这个原则，让自己赢得了一生的美名。

我国一直讲究谦虚退让的传统行为习惯，在这个方面我们有太多的榜样值得学习了。而西晋时的羊祜就是这样的一个人。

羊祜出身一个官宦世家，他是东汉时期的文学家同时也是一个书法家，他还是曾任左中郎将的蔡邕的外孙。虽然羊祜是一个出身高贵的人，但是他却非常谦虚，完全没有官宦子弟的飞扬跋扈。

羊祜在年轻的时候被推荐为上计吏；州官四次征辟他为从事、秀才；五府也请他做官，但是面对这些邀请他都谢绝了。有人甚至还将他和孔子的学生谦虚恭顺的颜回相比。

在曹爽专权的时候，羊祜和王沈被任用。王沈非常开心地邀请羊祜和他一起就职，但是没有想到羊祜很淡定地说："委身侍奉别人，谈何容易！"后来曹爽被诛，而王沈也因为连带关系被免了职。王沈对羊祜说："我早应该听你的话。"但是羊祜对此也没有任何幸灾乐祸的表示，只是很谦虚地说："这并不是预想出来的。"

晋武帝司马炎称帝后，因为羊祜有辅助之功，被任命为中军将军，加官散骑常侍，封为郡公，食邑三千户。但是羊祜对此坚决辞让，于是由原爵晋升为侯，其间设置郎中令，备设九官之职。这是因为羊祜对于前朝的王佑、贾充和裴秀等人非常尊重，而且一直对他们保持着谦让的态度，不愿意做比他们更高的官。

羊祜后来因为屡有功劳，一直被加官到车骑将军，地位和三公相同，但是他还是对此推辞不接受，他说："我现在入仕总共不过十几年时间，就已经有了这么高的位置，我无时无刻都要因为自己的高位而战战兢兢，我现在都将荣华看成了忧患，对我受到的宠爱非常警戒。现在陛下一再下诏书提升我的官位，这让我该怎么办呢？我也没有办法做到心安，因为现在有太多的高洁之士都没有获得这么高的位置，如高风亮节的光禄大夫李熹、洁身寡欲的鲁艺、清廉朴素的李胤，我怎么能够安心呢？如果我的地位超过了他们，我又怎么能够平息天下人的怨恨呢？"但是晋武帝还是没有同意他的拒绝，还是授给了他官职。

晋武帝咸宁三年（277年），皇帝又封羊祜为南城侯，羊祜依旧对此不接受。羊祜在每次得到晋升的时候，都会以礼辞让，而且态度都很诚恳，所以他的威望开始日益提高，当朝人都对他推崇有加，认为他都有做宰相的资格和能力。

当时的晋武帝想要吞并东吴，要倚仗羊祜承担平定江南的大任，但也是因为羊祜的坚辞不受而放弃。羊祜历职两朝，掌握机要大权，但是他本人对权势一直没有认真钻研过。而如果他推荐了某个人却从来都不会去向这个人邀功，很多被推荐者都不知道自己是被羊祜举荐的。也有很多人都认为羊祜的这种行为有点傻，他自己说："这是什么话啊。古人就一直告诫我们：'入朝与君王促膝谈心，出朝则佯称不知。'这些我还都没有做到呢。如果不能够举贤任能，这实在是有愧于知人之难。"

羊祜在平时生活中也是非常清廉和简朴，他的衣服基本都是素布做成的，得到的俸禄很多都用来周济穷人。羊祜在逝世的时候家无余财，他在临终的时候留下遗言，不让别人将他的官印放进棺材中。羊祜的外甥就这件事情上表给晋武帝，晋武帝说："羊祜一生都在谦让，他的志向令人敬佩。现在虽然他驾鹤西行了，但是他谦虚的美德值得我们学习，他简直就是古代的伯夷、叔齐之类的贤人啊。"

羊祜因为自身的谦虚退让和高风亮节赢得

> 谦退是保身第一法，安详是处世第一法，涵容是待人第一法，恬淡是养心第一法。
>
> ——弘一法师

了国君、大臣以及广大百姓的肯定，同时也造就了自己的一世英名。如果他对晋武帝的赏赐和恩宠都是来者不拒，那么就会引起其他人的忌恨和厌恶，恐怕自己早就裹进了权势争夺的旋涡，最后甚至会丢掉性命。

在这个世界上，不要去争所有的东西，保持一份谦虚退让的心能够让自己处于安全的境地中，这样也就不用担心自己的言论和举止会遭到他人的陷害，生活也就变得快乐了很多。

# 第二课
# 谦退恬淡以保身养心，
#   安详涵容以处世待人

## ◎ 做事缓一缓到达更远的远方

唐朝大将郭子仪在平定安史之乱的过程中取得了显赫的战功，同时也得到了肃宗的赞赏，尊为"尚父"，晋封为汾阳郡王。

举国上下对郭子仪都非常崇敬，但是他本人却居功不自傲，做人非常谨慎，而且在做事情上特别注意细节，所以后世也评价他为"权倾天下而朝不忌，功盖一代而主不疑"。

当时郭子仪做了大官之后，来家中拜访他的人越来越多，但是郭子仪非常坦然。客人来拜访他的时候，他从来都不让自己的妻妾回避，但是唯独有一个人来拜访他的时候，他都会让自己的妻妾回避，这个人就是卢杞，这个卢杞长得其丑无比，脸色泛蓝，就像是阎罗殿里的小鬼一样，他当时官至御使中丞。

有一天，这位御使中丞卢杞来访，郭子仪马上让自己的妻妾都回避了。虽然在当时会见客人有妻妾在场非常不合礼仪，但是当时的郭子仪位极人臣，权倾天下，而一个御使中丞和他的官职相去甚远，家中来了很多官位很高的人，郭子仪都没有让妻妾回避。郭子仪的做法让家人感觉非常诧异，等客人走后，都纷纷前来询问是什么原因。郭子仪则叹了一口气说："卢杞这个人相貌丑陋不说，而且他为人尖酸刻薄，心胸非常狭窄。如果他来拜访，而你们在场，你们看到他的长相之后，肯定会笑出来，这样说不定会酿成一番大祸，甚至搞得全家不保，索性还不如回避了呢。"

正是因为郭子仪有提防卢杞的这种谨慎，才使得自己没有得到对方的报复。后来卢杞做了"一人之下，万人之上"的宰相，而此时的卢杞开始疯狂报复当年欺侮过他的人，他整人都是不死不罢休的，被他迫害的人中有很多官位很高的人，也有很多名声很显赫的人，唯独郭子仪一家例外。

试想如果不是郭子仪当年的谨慎小心，那么他肯定会遭到对方的迫害。

现代很多人并不能像郭子仪那样，做一个谨慎小心的人。无法保持一份宁静和谨慎的心态，他们最终会给自己招来祸端，有些人甚至会因为自己的不小心和不谨慎而丧失很多。

身体和语言如果能够做到安静，就能够帮助人们守住本心，对于提高自身的修为非常有帮助。往往那些懂得享受安静的人，才能够认真思考。做到心情平静，对我们非常有益。

通过保持身心寂静不仅能够做到自修，还能让自己拥有可贵的涵养。

弘一法师很赞同这一点，他还指出一个人在群体之中时也应该保持自身的安静，说话的语速不宜过快，动作也应该舒缓，这样做之后自己的思维自然会端正，也能够很好约束自己不做出不良行为和肤浅的行为。举止浮躁的人，说明他们的内心也不端正，如果就此习惯想要修心就会难上加难了。

拥有从容的心态、保持平和的心态才能够有利于自己的长远发展，世界上很多人一生都在忙忙碌碌，他们不断和时间赛跑，其实，如果他们能够稍微放慢节奏，或许会离目标更近一些。

现实生活中的诱惑让人追求高效，而一旦遇到事情就会变得没有耐心，其实做事情应该缓一缓、静一静，然后想一想，要懂得"欲速

> 刘念台云："涵养，全得一缓字，凡言语、动作皆是。"
> ——弘一法师

则不达"的道理。莫要着急，金钱、声望、名利就算是一生苦苦追求，也不会穷尽，到头来自己还是什么都带不走。让自己多一份安静和从容，端正自己的思维。放缓自己的步伐，认真对待每一件事情，或许才能够到达远方。

## ◎ 淡定从容笑傲人生

一个有涵养的人总是能够在待人接物的时候保持从容淡定的心态。弘一法师就是一个很好的榜样。综观弘一法师的一生，我们很少看到他在处理事情的时候变得非常急躁、心神不定。而他的这份淡定和从容不得不让周围人叹服。

弘一法师认为，淡定从容是一个人一生应该保持的一种状态，如果遇到事情变得手忙脚乱，那么什么也做不好。

其实谈到做事淡定从容，我们不难想到历史上东晋时的谢安。

我们来看看谢安的故事。

谢安是东晋时的权臣，他就是一个遇事淡定从容的人，他的很多故事被人们流传，而谢安的名字也被人们铭记。

东晋时期朝内有不安定的因素，谢安在平定内部的不安定因素之后，开始将注意力投向来自北方的威胁。当时，前秦在苻坚的治理下日益强盛，他们时不时会来骚扰晋土，在强大的前秦军队面前，晋朝军队一再败退，他们屡遭败绩。于是谢安派自己的弟弟谢石和侄子谢玄率军征讨，而战局得到了一定的扭转，取得了几次胜利。谢安还命谢玄训练出战斗力很强的北府兵，以为抗击强大的前秦做准备。

太元八年（383年），前秦苻坚亲自率领着大军南下，他们驻扎在淮淝一带，意图吞并东晋一统天下。当时军情危机，朝野上下一片震惊，谢安也是临危受命，被任命为大都督。在这种十万火急的情况下，谢安还是非常淡定，他镇定自若布置军事，并且派谢石、谢玄、谢琰和桓伊等人率兵八万前去抵御。

桓冲担心建康的安危，想要拨出三千精锐协助保卫京师，但是被谢安拒绝了。

谢玄也有顾忌，面对强大的敌人，他也不知道自己的队伍到底能不能战胜敌人，于是他找到谢安询问对策，谢安则只是简单地说："所有的事情我都安排好了。"说完之后就不再谈论军事方面的事情了。

而第二天谢安竟然坐车来到谢玄的家中，并且邀请了很多亲戚朋友前来。谢安邀请诸位一起下棋，他和谢玄两个以谢玄的府第为赌注下起了围棋。谢玄的棋艺高出谢安很多，但是今天谢玄的脑袋里全部都是战事，所以忐忑不安，总是无法集中精力去下棋，自然心神安定的谢安战胜了心神不宁的谢玄。下完棋之后，谢安和亲朋好友一起在山野之间游玩，没有任何的担心，好像一切事情都在自己的掌握之中一样。这天他一直玩到深夜，回家之后的谢安就开始调兵遣将，然后奔赴前线抗击敌人，最后他们打败了苻坚率领的前秦大军。

就算是谢玄这样的人物在面对危急情况的时候都变得无法平静，但是谢安却能够保持淡定从容的心态。最终战争的胜利和谢安的这种淡定从容不无关系。

清代的庄有恭也堪称是淡定从容的楷模。让我们一起再来看看庄有恭的故事。

庄有恭是清朝中叶时期的著名书法家，他从小聪明伶俐，非常讨人喜欢，更让人惊奇的是他小小年纪就有一种从容淡定、有节有度的风范。

> 敬守此心，则心定。
> 敛抑其气，则气平。
> ——弘一法师

庄有恭十一二岁的时候，他和小伙伴们一起放风筝。有个小伙伴不小心扯断了风筝线，那风筝就飘飘扬扬飞到了隔壁镇粤将军官署的内宅。

所有的小伙伴都吓傻了眼，他们都呆呆地看着官署的门外，纷纷说着："可惜。"然后都在懊恼，他们想不出好办法，但是庄有恭却漫不经心地说："掉进别人家里了，我们拿出来就是了，这有什么好懊恼的？"小伙伴们说道："这可是将军的官署，平民百姓怎么可以进去呢？"还有小伙伴说："如果进去，肯定会被他们打个半死的。"庄有恭则自告奋勇地说："既然你们不敢去，那就让我去吧。"说着，他就开始凑近官署，当时守门人看到是一个小孩也就没有在意，就在这个时候他突然跑进了大门，直接冲向内宅，等到守门人意识到的时候，庄有恭已经在门内十几米远了，他们一边喊着"站住"，一边开始追庄有恭。

此时镇粤将军正在客厅里和客人们下棋，他听到声音之后，就出来正好碰到了庄有恭，于是就拦住了他，将他带进了客厅。庄有恭并没有害怕，他将自己的来意说明之后看着镇粤将军。看到庄有恭眉清目秀的样子，镇粤将军心中先有几分喜欢，于是就问了他一些问题，庄有恭都对答如流。

镇粤将军又问庄有恭说："你有没有读过书？"庄有恭回答说："正在读。"镇粤将军有心考一下他，于是就问他说："那你会对对子吗？"庄有恭说："会一点，学堂里学过一些。"

镇粤将军于是又问道："那你能对几个字的对子？"

庄有恭说："一个字的也对得了，字多一点的也能对。"

镇粤将军说："好，那我就出几个对子，如果你对不上来，我可不轻饶你。"

镇粤将军抬头看到了客厅中挂着的《龙虎斗》彩图，于是便随口吟道："旧画一堂，龙不吟，虎不啸，花不闻香鸟不叫，见此小子可笑可笑。"将军的意思已经很明白了，他是在说你看画上的龙和虎都没有叫，而你一个小子却口出狂言，实在是可笑。

谁知道庄有恭思索了一会儿，指着将军和客人的残棋说："我就用这个残局来对下联吧。"然后低声吟道："残棋半局，车无轮，马无鞍，炮无烟火卒无粮，喝声将军提防提防！"庄有恭的意思也很明确，他是在说，将军如果输得一盘棋不算什么，但是如果真的在战场上，碰到这种车、马、炮、卒均难运用的窘境，

第二讲 存养 | 047

那将军就要提防了。

镇粤将军和客人听了这个对联之后,都非常赞叹庄有恭的才华,同时也被他的从容所折服。于是将军亲自捡起风筝递给庄有恭,并将他一直送到大门外,并且告诉他说:"你是一个聪明的孩子,以后一定要好好学习,前途无量。"

当时,庄有恭只是一个小孩子,而他在面对镇粤将军的时候一点慌乱都没有,还能够淡定从容地对对子,所以才博得了镇粤将军的喜欢。

通过上面的两个故事,我们可以看到从容淡定对一个人非常重要。只有做到了从容淡定才能够让我们处世不乱,能够笑傲风霜雨雪。

明代养生学家吕坤在《呻吟语》中告诫后世人们:"天地万物之理。皆始于从容,而卒于急促。"而且他还讲道:"事从容则有余味,人从容则有余年。"现在,我们每个人都应该修炼自我,不断提高自己的涵养,让自己也成为一个淡定从容的人。

## ◎ 放开心胸变得从容

当我们为别人的行为而生气的时候,经常会嘲笑自己是在用别人的错误来惩罚自己。但这起码也说明我们很在乎这一点。如果我们对某个人恨之入骨,那这种恨首先是对自己的束缚,就算你很恨对方,但对对方来说一点感觉都没有,反而是仇恨在你的心中,让自己的内心时刻遭受这种仇恨的煎熬。其实我们应该剔除我们内心的仇恨,让自己的心胸变得更加开阔一些,心境开阔了就会让自己变得更加从容。

宋代大文学家苏东坡被人认为中华第一才子,是中国文坛上的一朵奇葩。他有一个佛门的好朋友佛印。平常两个人会在文学和佛学方面进行切磋，不免会因为这些问题发生争执，但是每次都是佛印占上风，苏东坡心中很不是滋味，于是他就在心里寻思，想要找到一个机会让佛印下不了台。

> 公，生明。诚，生明。从容，生明。
> ——弘一法师

有一天，苏东坡和佛印相对坐禅，然后苏东坡问佛印说："你看我坐禅的姿势像什么？"

佛印非常严肃地说："我看你像一尊佛。"苏东坡听完之后非常开心。接下来佛印问苏东坡说："那你看我的坐姿像什么？"

苏东坡想都没有想说："我看你像一堆牛粪。"佛印听后居然笑了笑，然后双手合十说："阿弥陀佛。"

苏东坡对此非常开心，回家对妹妹苏小妹炫耀今天的事情，苏小妹听了事情的原委之后，说："哥哥，没有想到你今天输得这么惨。你想，佛印六根清净，心中全部是佛，所以众生在他的眼中都是佛；而你就不同了，你满心污秽，所以你看到任何东西都是牛粪。"

苏东坡听完妹妹的话之后，非常惭愧。

人所处的位置不同，自然眼界就不一样。世上总是有些人夜郎自大，对自己的缺点视而不见。要知道强中自有强中手，从上面的故事中我们可以看到，只有内心清净的人才能够善待别人，同时也善待自己。

# 第三课
# 莫大之祸，皆起于须臾之不能忍

## ◎ 适当地忍让让人成功

人们在遇到挫折和逆境时，应该表现出"忍"，这是一种超凡脱俗的品质。如果不能忍受，很容易陷入自我毁灭之中。

从前在一棵大树下住着一只野狐狸和一只野鹿。大树的一些嫩枝被大风吹了下来砸在了野狐狸和野鹿的背上，野鹿不认为这是什么事情，因为树枝被风吹下来是常事。但是野狐狸忍耐不住了，它在第二次遭受这种情况之后决定搬家。临走的时候野鹿还说："这棵大树能够帮我们遮风挡雨，还能够提供给我们甜美的果实，你为什么还要走呢？"野狐狸说："我实在忍受不下去了，如果你认为好那你就留在这儿吧。"说完之后，野狐狸头也不回地走了。

野狐狸来到了旷野中，白天的气温很高，而到了晚上气温又变得很低，它感觉非常难受，尤其是在下雨的时候。它这样过了两天就熬不下去了。它决定离开这个地方，而它新的邻居说："你为什么要走呢？这里的气候虽然糟糕一些，但毕竟没有虎狼，我们好歹还是安全的。世界上没有十全十美的地方，任何地方都有不愉快的事情发生，你就将就着住下来吧。"野狐狸说："不，这种忽冷忽热的天气我实在受不了了；而且还有大雨，我的皮毛早已经受不了了。我要离开了。"

于是野狐狸又来到了一个翠绿的山坡上。这里的气候非常好，环境也非常优美，但是这里不安全。因为不断有凶狠的狮子、阴险的豺狼出现，时不时就能听到它们的吼叫声，让人不寒而栗。但是野狐狸贪图这里的环境，勉强生活了下来，有一天它出去觅食的时候，碰到了野狼，这个时候它懊悔没有听朋友们的劝告，但为时已晚。

世界上没有十全十美的地方，也没有十全十美的人。世界上有寒带，也有热带。人出生在什么地方，就尝试着适应这里的气候和生活。不同的民族、不同的地域都有不同的生活习惯和方式，一个人一旦来到这个地方，要做的就是适应这里的生活方式和习惯。

每个人也都有自己的个性，在喜好和生活习惯方面都有所不同，相互忍让就可以达到和谐相处的境地。

在别人不侵犯到原则的冒犯下，可以忍让；遇到别人在和你争夺权力的时候，也可以忍让；当碰到别人的忌妒时，也可以忍让。适当地忍让可以让自己的生活更加和谐，尤其是在一些人际关系方面的问题，如果连起码的忍让都没有，很难做成大事。

春秋战国时期的孟尝君曾经担任齐国宰相，他手下拥有很多食客。其中有个食客和孟尝君的一个小妾私通，于是有人将这个情况报告给了孟尝君，并且说："作为您的食客还发生了这样的事情，真的是天理难容。"孟尝君对这件事情看得却很淡，他说："喜欢美女是人之常情，我可以理解，这件事情就不要再提起了。"之后，孟尝君果然没有再提起这件事情，反而对那个食客更加礼遇有加。过了一段时间，他召来那个食客说："你在我门下已经有一些时日了，我一直没有合适的位置交给你，现在卫国国君和我关系很好，我想送你到卫国去做官。"

那个食客一到卫国，就得到了卫国国君的器重。没有想到，时隔不久卫国和齐国的关系紧张，卫国想要联合其他国家攻打齐国，此时那个食客进言道："我

> "己性不可任"，最好的办法就是"当用逆法，制之，其道在一'忍'字"。
> 
> ——弘一法师

之所以能够来到卫国，全部仰仗孟尝君不计较我的过错，以及他的推荐。而且我还听说齐国和卫国的先王有过约定，他们约定两国以后不会有战争，永世修好。现在，陛下想要和其他的国君攻打齐国，这难道不是有悖于先王的意思吗？而且这样做也有负于孟尝君啊。现在我斗胆请您放弃攻打齐国的念头，要不然我愿死于陛下面前。"卫王听完他的话后思考了很久，然后听从了他的建议放弃了这次攻打计划。后世都在说，是孟尝君的仁义和忍让避免了一场战争，为齐国和卫国的百姓造福。

通过这个历史典故我们可以看到，忍让能够得到别人的敬佩，甚至在无意间还会得到更大的回报。

在现实世界中，忍让和大度是很重要的东西。所以在我们的生活中要懂得这个道理。就像弘一法师说的："己性不可任。"不要因为一些不如意的事情就生气。想要获得巨大的成功，就要有这种精神。

## ◎ 克制任性将勇往直前

一个做事情任性的人总会为此而付出代价，甚至会为此而失去生命。

魏晋时期的嵇康就是一个典型的因为过于任性而丢掉性命的人。

嵇康是魏晋竹林七贤的杰出代表，也是我国著名的文学家、思想家和音乐家。嵇康是一个愤世嫉俗的人，他做事情也非常任性，往往不顾及别人的感受。也正是因为他的这种任性导致了他悲剧的人生结局。

当时，魏国大臣钟繇的儿子钟会是一个趋炎附势之辈，看到司马氏得势就立马俯首依附，成为了司马集团的重要人物。有一天他带着众位宾客衣冠锦绣地来到嵇康的家中拜访他。嵇康是一个特别喜欢锻炼的人，钟会一行人来的时候他正在家中的大柳树下挥臂扬锤锻炼身体，他并没有停下自己的锻炼，就好像锻炼是一件让人无法罢手的事情。

钟会对嵇康的放荡不羁是早有耳闻，自己此次是专门来拜访他的，所以和宾客们一起默默等待在旁边。可没有想到的是大概过了一个时辰，嵇康还没有停下来的意思。钟会心里想到，能让我等待一个时辰的人，这个世界上恐怕也找不出几个，嵇康你也实在太嚣张了。钟会想完之后，就准备打道回府，就在此时一直没有说话的嵇康竟然说："何所闻而来？何所见而去？"这句话不说也算了，一说让钟会更加不开心了，钟会心里想：你居然当着这么多人给我脸色看，这也就算了，现在你不但不道歉，还在这里嘲讽我！钟会非常生气地说："闻所闻而来，见所见而去。"说完之后就转身走人了。嵇康本就是随意惯了的人，对于这一天的事情一点都没有在意，但是钟会却耿耿于怀，一直想找机会报复嵇康。

后来爆发了吕巽、吕安兄弟的纠纷，也正是因为这次纠纷让钟会遂了心愿。事情是这样的。

嵇康有两个朋友叫吕巽、吕安。吕巽和吕安关系本来很好，但是没有想到吕巽居然奸污了吕安的妻子，事情败露了之后，嵇康从中说服，终于让事情平复了下去。没有想到时隔不久，吕巽居然恶人先告状，他状告吕安不孝，经常虐待老母。吕巽可是钟会的红人，吕安只能吃了哑巴亏，被发配到边疆。吕安心生不平想要上诉申冤，在申诉中提到了嵇康。嵇康向来疾恶如仇，于是仗义执言将事情的来龙去脉讲了出来，嵇康遭人暗算也陷入牢狱之中。此时钟会听说了这个消息大喜过望，他赶紧来到司马昭面前，进谗言道："嵇康曾经在曹魏时企图响应造反，嵇康、吕安等人的言辞向来放肆，菲薄汤武，攻击名教，为帝者不容，应予灭除，以正风俗。"其实司马昭对嵇康等人批评政治的言辞也早有不满，再加上钟会的添油加醋，司马昭也是怒火中烧，下令将嵇康斩首于洛阳东市。

> 学一分退让，讨一分便宜；增一分享用，减一分福泽。
> ——弘一法师

通过故事可以看到，虽然嵇康受奸人陷害，但是他的任性也是造就其悲剧下场的一个主要原因。

想要成就大事业的人就不能随心所欲，不能感情用事，要懂得克制自己的言行。只有做到了这些，才能够避免发生一些小错误而最终铸成大错。

高尔基曾经说过："哪怕是对自己的一点小的克制，也会使人变得强而有力。"

德国诗人歌德也说："谁若游戏人生，谁就一事无成，谁不能主宰自己，永远是一个奴隶。"

面对生活的普通人要主宰自己，要懂得约束的重要性，做事情要有所克制，只有这样才能够避免自己陷入任性的错误中而最终伤害到自己。

# 第四课
# 逆境顺境看襟度，临喜临怒看涵养

## ◎ 时刻保持一颗平常心

曾经有一个年轻人因为犯法被关进了监狱。在监狱中他非常郁闷，想想自己永远也没有办法出去了，于是决定自尽。

这个年轻人在决定离开人世的前几天，开始想起曾经和自己相处过的人，有自己的亲戚、朋友、老师、邻居……但是他却想不起他们曾经是否有过夸奖过他的话，他感觉更加失望了。他此时感觉自己已经过了的这些年头都是在虚度光阴。于是他就继续回想，想要找到自己的生命中是否有人夸奖过自己，他甚至决定如果有这样的一句话，他决定因为这句话而活下去。

想了很久之后，他终于想起他在上中学的时候，给美术老师交上了一幅涂鸦作品，老师看到画之后，对他说："呀，你画的这幅画还真的不错，尤其是色彩的使用上。"年轻人于是重拾信心，决定因为这位鼓励过自己的老师而活下去。

这个年轻人不再失意，他在监狱里开始认真学习，好好改造，最后终于成为了一位出名的作家。

其实，一个人在生活中，不是失意就是得意、不是失便是得，这些都是变化无常的。而在得失之间人就过了一生。如果因为自己一时的失落而丧失了生活下

> 有事时却放下此心,坦坦然若无事。有事如无事,镇定方可消局中之危。
> ——弘一法师

去的勇气,未免显得有些草率。

很多时候人们因为得失而做出得意或者轻生的举动,是因为自己的心态不够平和。

看淡了得失,自己的生活就会如意很多。

我们不禁要问,在他们身上还有得失之心吗?自然没有。他们因为有着平和的心态和广阔的胸怀,所以他们不会因为一时的得失或喜或悲。

不仅是失败者,就算是成功者也应该知道,并非一辈子都会顺利如意。也并不说强大的人就不会失败,强大的人可以从失败中爬起来,这就是他们平和的心态决定的处世态度。

弘一法师特别强调做事情应该放下烦躁的心灵,必须要坦然处之,发生了任何事情都要像没有发生一样,只有镇定才能够合理处理眼前的危机和困难。

只有稳住自己的心态,才能够将修行顺利进行下去。

就算是我们处于最恶劣的暴风骤雨中,也应该想到不久我们将会看到美丽的彩虹。不管是如意还是失意都是暂时的,只有保持一颗平常心,镇定自若、淡泊一切,自己的人生才会顺风如意。

## ◎ 顺境与逆境并生

在顺境或者逆境中表现出来的气度,就能够看出一个人的胸襟气度;面对着喜事或者怒事所作出的反应,就能够看出一个人的涵养。很多人只能够在顺境中生存,因为此时他们只需掌握一种生存就可以了;但是很多人在逆境中无法生存,因为在逆境中不仅要有生存的技能,还要有强大的胆识、意志力、毅力和胸襟，等等，此时更考验一个人的综合能力和素质。有胸襟气度的人不会在面对逆境的时候怨天尤人，他们能够接受顺境，同时也能够处理好逆境。因为他们明白世间的事情不会永远一帆风顺，当然他们也知道人生中不会永远是逆境。他们明白不管是顺境还是逆境都是人生必须经过的路，都需要付出很大的努力。

在非洲的一个小村落里有一个叫巴巴力巴的男孩，他因为失恋而积郁成疾。

于是巴巴力巴的父亲给他买来了一团红丝线，然后将他带到了一个靠近沙漠的小旅馆里，等到第二天的时候父亲带着巴巴力巴和一些石头出发了。在沙漠中行走了两个小时之后，他们看到了一些绿色，父亲对巴巴力巴说："你看看那些是卷柏。"但是巴巴力巴对此毫无反应。

于是父亲在一个碗口粗的卷柏旁边停了下来，然后拿出红线，将一头系在自己带来的石头上，然后另一头系在了卷柏的根部。做完这些之后父亲带着巴巴力巴回旅馆了。在当天晚上睡觉之前，他对巴巴力巴说："你知道为什么我今天带你去看那些绿色植物吗？"

巴巴力巴对父亲说："你只不过是想让我看到在艰难的环境中都有植物生长。"

父亲则对他说："不要忙着下结论，孩子。"

等到一周之后，父亲又带着巴巴力巴来到了沙漠里，他们又找到了系着红丝带的卷柏，但是他们却发现卷柏换了位置，巴巴力巴怀疑是父亲做的手脚，但是父亲没有承认，而且在这一周时间里，父亲就没有离开过他。于是他们又回去了。

等到回到旅馆的时候，父亲给巴巴力巴说："卷柏在水分不足的时候会把根拔出来，变成球状，随风滚到水分充足的地方扎根。"巴巴力巴听得津津有味，然后对父亲说："你是说水源无处不在？"父亲还是之前的那句话，他说："不要忙着下结论，孩子。"

当时天气非常炎热，小旅馆变得让人受不了了，在这样的天气里，估计连沙子都快要融化了，父子俩一直在猜测，那个他们做了标记的卷柏现在还活着吗？

> 逆境顺境看襟度，临喜临怒看涵养。
> ——弘一法师

又过了一周的时间，他和父亲两人又一次去了沙漠里，他们找到了那块大石头，并且找到了卷柏，令人称奇的是它居然还没有死，巴巴力巴甩开父亲的手，拼命跑到了卷柏面前，说："你居然还活着。"但是他们却发现这次它又挪动了地方。然后父亲说："其实一周时间里它不仅仅移动了一次，但是后来它发现自己移动不了了，因为红线范围内都没有水源了，它只能将根扎得更深，这样才能够存活下来。"然后父亲接着说："其实人也是这样，即便面对的是逆境，只要我们能够将自己的根打扎实了，那么我们就可以存活下去。"

巴巴力巴终于明白了父亲的意思，在燃烧着的沙漠中，两个人相视笑了起来。

弘一法师一直在教导人们看破逆境，要以一颗平和的心对待世间所有事情。

人的一生会经过很多的磨炼和挫折，也只有这样才能够成长和进步。如果一个人一直处于顺境之中，就会让人逐渐丧失进步的动力和能力；当然如果一直处于逆境之中，那么人们的生活会变得苦不堪言。生活只有在逆境和顺境中不断交替，才能够在其中感受到痛苦和欢乐，才能尝到不同的滋味。

# 第五课
# 涵养全得一缓字，缓字可以免悔免祸

## ◎ 胸襟开阔削减畏惧和疑虑

《世说新语》中有一个关于南北朝时期石勒的故事。

石勒家在当地有权有势，人们都很害怕他，都认为他和狼虎一样。但是一位名叫佛图澄的高僧并不畏惧他们家的权势，在交往中他还得到了石勒的尊敬。

当时，佛图澄先是和石勒的养子石虎相交，在他们的交往中，石虎非常崇拜佛图澄，石家的人对佛图澄也很尊敬，都认为他是一个得道高僧。

其实，佛图澄是西域高僧，在公元310年的时候来到了中国，而在传教的过程中他来到了石勒家，他受到了石勒家的款待，并且在后来还支持了石勒称帝建立赵国。

佛图澄还在石勒家的时候，发生过这样一个故事。

当时石虎对自己的臣子非常毒辣，惩罚非常重。有一次，大司马燕公石斌犯了过错，其在担任幽州牧期间纠集暴徒滋扰百姓，而引起了民愤。此事被石虎知道了，他立即派人将他抓起来重打了三百鞭、杀掉了石斌的母亲，还围捕并且杀害了石斌的几百手下。

佛图澄知道了这件事情之后连忙去劝阻，并且告诫他不要太过于凶残，不要

> 以和气迎人，则乖沴灭。以正气接物，则妖气灭。以浩气临事，则疑畏释。以静气养身，则梦寐恬。
>
> ——弘一法师

对无辜的人痛下杀手。石虎当时已经杀红了眼，但是他非常尊重佛图澄，耐心听完了对方的劝告之后，终于停止了凶残的屠杀。

佛图澄对石虎没有畏惧之心，就算是在他暴虐之心骤起的时候，他还努力去感化、教导石虎，慢慢地石虎变得温顺。而佛图澄之所以不怕石虎以及石勒，就是因为他没有一点的私欲和贪念，不会担心自己因为这些而失去什么。假如每个人都能够像佛图澄一样无贪念之心，自然对周围的事情就没有了敌意，就会以一颗大度、开阔的心去对待别人。

所以说，心平气和以及胸襟开阔对人非常有好处。

面对危机能够坦然面对，不会惊慌失措，就算是那些暴虐之人也会被感化。

弘一法师更是提倡这一点，并且以身作则。弘一法师待人非常平和、做事也非常光明磊落，常怀一身正气。因为拥有这样的气度，才不会疑神疑鬼。

世界上有太多的诱惑和危险，只要自己能够保持一份光明和正大，心中的畏惧和疑虑就会削减很多。

很多人认为自己的胸襟和身处环境的大小有关系，其实这不够准确。人所居住的环境不在乎大小，修炼胸襟不应受外界的影响。比如，胸襟开阔的人就算是席地而坐也能够修炼自己；而胸襟狭隘的人就算是住在豪华别墅中，也会感觉到事事不顺心，人人难相处。

## ◎ 要学会控制自己的情绪

做事情如果情感太过于丰富,就容易冲动;而太过于理性则显得没有人情味。其实七分理性三分情感,这样才是最好的处世之道。

曾经有一个只有一只手的乞丐沿街乞讨。他来到一个寺庙门口,开始向寺庙的和尚们乞讨,方丈听到之后就对乞丐说:"你看到那一堆破砖了吗?你把它们挪到后院去,我就给你吃的。"

乞丐非常生气地说:"难道你没有看到我残废了吗?我只有一只手怎么做到?如果你不愿意给我吃的,那也没有必要羞辱我吧!"

方丈并没有理睬他,只是用一只手搬起两块砖头走向了后院,回来后对乞丐说:"现在你看到了吧,我能做到那你也应该可以做到。"

乞丐也不再说什么,于是也用一只手搬起了两块砖头走向了后院,大约一个时辰之后院子里的砖头都搬完了。

方丈笑着走过来,递给了他一点银子。

乞丐接过钱之后,非常高兴地说:"谢谢你,大师。"

方丈则说:"你没有必要谢我,这是你用劳动换来的。"

乞丐这才明白过来,于是对方丈说:"大师的再造之恩我没齿难忘。"说完深深鞠了一躬然后离开了。

过了两天,又来了一个乞丐向寺庙里乞讨,方丈就把他带到后院,然后指着一堆砖头说:"你把这堆砖头搬到前面我就给你一些银子。"

没有想到这次这个乞丐狠狠瞪了一眼方丈,然后离开了。

有位弟子非常不解地问方丈:"方丈,弟子实在是看不明白,你让第一个乞

> 处事大忌急躁。急躁则自顾不暇，何暇治事？
> ——弘一法师

丐将这些砖头搬到后院，然后又让今天来的乞丐搬到前院，你到底是要这些砖头在前院还是后院啊？"

方丈则说："其实这些砖头放在前院和后院没有什么区别，倒是乞丐愿不愿意动手做事非常重要。"

多年之后，一位高官骑着高头大马来到了这座寺庙，这个人只有一只手，他就是当年那个独手搬砖的乞丐。自从那天他搬完砖之后就明白了很多做人的道理，也找到了自己的价值，于是他从此之后就努力拼搏，终于取得了今天的成绩。而当年那个拒绝搬砖的乞丐，到现在还是一个乞丐。

伤痛往往让人萎靡不振，但是如果看清楚了这些伤痛就能够让我们成熟起来，关键是要看我们如何对待这些。

不管现实有多么残酷、生活有多么窘困，我们都必须积极地面对，只有靠自己的双手和智慧才能够创造美好的未来。如果一个人懒得动手，只是在等待着别人的施舍，那么活着也就没有了价值，更不要说实现理想了。

# 第六课
# 不自重者取辱，不自畏者招祸

## ◎ 严格要求自己

尽量去宽恕别人，尽量约束自己。为什么要这样做呢？弘一法师认为人之常情的限度相对来说宽一些，所以可以用来对待别人，以体现自己的宽容之心；而用道德来约束自己，道德的限度相对窄一些，这样就可以对自己严格一些。但是对于普通人来说这并不容易做到。因为很多人习惯去挑剔别人，而纵容自己。所以我们每个人都要尽量克服这种弱点，从而提高自己的修养。

弘一法师在对待他人上就非常宽容，而对自己却非常严格。

欧阳予倩和出家之前的弘一法师，也就是李叔同一起在日本东京筹办"春柳剧社"，他就说过："李叔同自从演过《茶花女》之后，很多人都认为他是一个风流而又有趣的人。但是他的脾气却非常孤僻。曾经有一次他约我早上八点钟去看望他，我们两个住的地方非常远，赶电车有些拖延了。我赶过去的时候已经有点迟到了，他知道我来了之后，他在楼窗上对我说：'我和你约的是早上八点钟，现在都过了五分钟了，我现在已经没有时间和你闲谈了。对不起，你明天再过来吧。'说完之后他点点头，然后关起窗户进去了。我当时有点傻眼，但是我知道他的脾气，所以只好怏怏地回去了。其实他每天的工作都很有规律，尤其是在时间上很有时间观念，所以他的规则是一点都不能差越。他也一直在给我说做任何事情如果没有时间观念就等于失败了一半。通过这件事情我也看到了他是一个对自己要求很严格，同时容不得丝毫懈怠的人。"

可能很多人认为李叔同这样做未免太过于严肃了，只不过是五分钟时间而已，有什么大不了的？但是李叔同就是用这种近乎不近人情的严格要求约束自己，可以说，最终李叔同取得了轰轰烈烈的成功，和他这样要求自己密不可分。

其实，在中国历史上这样严格要求自己的人有很多，三国时期的曹操就是这样一个人。

曹操是一个军事家，他在战场上经常会取得胜利，可以说是所向披靡。这和他善于用人、善于用计的原因不无关系，但是他还有一个很大的特点，那就是纪律严明。这里所讲到的"纪律"并不仅仅只是针对士兵和其他将士，还要针对自己。

有一次，曹操的大军经过了一片农田。在此之前曹操一直认为国家要稳定首先依靠的就是粮食，所以他在很多地区搞的募民屯田很有效果。这次行军他们经过的这片农田由于农民们精耕细作，所以长势非常好，绿油油的麦苗一望无际。曹操担心军士们会踩坏庄稼，于是下令："行军途中，不准毁坏麦苗。违令者斩！"将士们也都是小心翼翼，很多骑马的军官都下马行走生怕踩到庄稼。这个时候突然田地里飞起一群鸟，扑打的鸟群惊到了曹操的战马，它猛地挣开缰绳踩坏了不少庄稼，曹操找来负责文书的主簿，当着全体将士的面，让主簿给他降罪。

主簿说："《春秋》上提到过，对于尊王是不能加以惩罚的。"这位主簿并不想惩罚曹操。曹操说："这是我制定下的法令，我触犯了就应该受到惩罚，以给大家做表率。如果我今天不受到处罚，那么以后还怎么服众？"主簿一时无言以对，只好说："可是您是军队的统领官，如果受罚了谁来统领军队呢？"曹操思考了之后说："既然我现在是元帅，还有领兵打仗的责任，那我会将功折罪，但是我还是要受到惩罚

> 以情恕人，以理律己。
> ——弘一法师

的，你们不动手那只好我自己来了。"说完之后，不顾大家的阻拦拔出宝剑，将自己的一撮头发割了下来，扔在了地上。并且让主簿发文，说："丞相的马践踏了田地，本应该斩首示众，但是因要带兵打仗，于是割发代之。"

三军将士看到他们的主帅如此严格要求自己，自然也都遵守法令了。从此之后，曹操的军队成为了一支纪律严明的部队。

严格要求自己，不仅是对自己负责，更是对他人负责。只有严格要求了自己才能够让自己有所长进。如果一直放任自己的言行，对此不做任何的约束，最终会一事无成，自己的人生也会彻底失败。

## ◎ 切勿不懂装懂

弘一法师认为不懂装懂的人是最愚蠢的。虽然人们都知道不应该不懂装懂，但是其愚蠢的表现很多人还是不明白，这里我们不妨看一个故事。

在元朝有一个纺织技术天下第一的纺织家黄道婆，她带领附近的村民一起和她织布，一时间镇子上的男女老少都会织布。这个镇子上有一个姓李的穷秀才，自认为出身书香门第，虽然经常饿肚子，但是对纺织总是嗤之以鼻，不愿意认真学习。后来他去了浙江湖州织里当了一名私塾教师，勉强才有了一口饭吃。李秀才来到的这个地方也是一个纺织之乡，村里人一听说李秀才来自于黄道婆的家乡，就纷纷来请教纺织技术。这下子难坏了秀才，不过为了不丢面子，他虽然不懂纺织，但还是打肿脸充胖子，他给村民们说，自己从来不纺织，不过可以将黄道婆的图纸拿给大家看，他可以教会大家。村民们信以为真，都高高兴兴地来到李秀才家里学习纺织技术，但是时间久了，大家都识破了李秀才不会纺织的真相，慢慢开始疏远他。

李秀才受不了大家的疏远和嘲笑，最后也没有待在这个村子里，只能离开了。

**我们再来看一个不懂装懂的故事。**

以前有一个和尚的法号叫"不语禅"，之所以有这样一个法号是因为他知道得很少，所以别人来问禅的时候，他只能让侍者代答，自己却做出一副高深莫测的样子，坐在旁边一言不发。

有一天，侍者外出化缘去了，这个时候正好有一个云游道士来拜访。道士就问和尚说："什么是佛？"不语禅根本就回答不出，于是左看右看，不做回答；道士又问道："什么是法？"不语禅还是不回答，只能上看下看几眼；道士又问道："什么是僧？"不语禅很无奈于是闭起了眼睛；道士又问道："什么是加持？"不语禅非常着急只能两手乱摆。

这位云游道士很满意地离开了，路上碰到侍者，于是就非常高兴地给他说："我已经见过大师了，我问他佛的时候，他东看西看，意思就是说人有东西，而佛无南北；当问到法的时候，他上看下看，意思是说佛是平等的，根本没有高下之分；我问到僧时，他闭上了眼睛，意思是白云深处卧，便是一高僧；问到加持时，他伸出了双手，意思是要普度众生。可见大师真的是得道高僧啊。"

等到侍者回到寺院里，不语禅就破口大骂，他说："你这些时间都跑到什么地方去了？今天不知从什么地方来了一个道士，他问我佛，我东看看你不见，西看看你不见；然后他问我法，我真的是上天无路，下地无门；他问我僧的时候，我索性闭上了眼睛；等到他问我加持的时候，我真的是羞愧难当，于是心里就想，我还做什么长老，还不如伸手去做叫花子。"

侍者只能无奈地笑笑。

> 聪明睿知，守之以愚。
> 道德隆重，守之以谦。
> ——弘一法师

虽然这只是一则笑话,但是在我们的现实生活中的确有这样的不语禅,他们对任何事情都是一知半解,甚至全然不知,却还要装出一副什么都懂的样子,其实他们这样做会显得他们更无知。一个人如果要交朋友,一定要注意自己身边的朋友有没有这样的人。

"闻道有先后,术业有专攻",任何人都有自己的专长和特点,不可能任何事情都精通。能够承认自己的不足和缺点并不是什么丢人的事情,而如果把自己抬得很高,总是装出一副不懂装懂的样子,那么等到大家知道真相之后,就会对这个人产生不信任甚至怀疑,自然就不愿意和这个人打交道了。

# 第七课
# 物忌全胜，事忌全美，人忌全盛

## ◎ 看穿退字的奥妙

弘一法师告诉我们懂得"退"的道理可以免除灾祸。在这里的"退"有两层意思，一方面是指"退一步海阔天空"的退；而另一方面则指在高位时要懂得急流勇退。只有退出了才能够平息争执。无论是上级的猜忌还是同僚的忌妒都可以通过退的方式解决，这就是退的好处。

唐朝中期的政坛上有一个叫做李泌的带有神秘色彩的人物。李泌先后在玄宗、肃宗、代宗、德宗四个皇帝那里做过官。当时的唐朝多灾多难，奸臣当道，藩镇割据，许多大臣不是死于奸佞的谗言，便是死于武夫的刀剑。但是李泌居然能够在四任皇帝身边做官，而且能够保全终身，其中的诀窍只有一点，那就是懂得在高位时推出。

唐玄宗的时候，李泌还只是一个少年，但是他已经因为自己的智慧而在朝廷内外有一定的名声。当时唐玄宗准备任命他为太子李亨的官属，但是他婉言谢绝了，他只愿意以布衣的身份和太子交往，李亨因此也称呼他为先生，非常尊敬他。后来李泌遭到了杨国忠的诬陷，索性退隐朝廷，整天在嵩山和颍水之间游玩。

后来李亨即位，也就是唐肃宗，他专门请人找来了李泌，希望他能够出山担任宰相，但是这一次他又辞谢了，他对肃宗说："陛下以朋友的身份对待我，这可比什么宰相要尊贵很多了，我现在不想做官，请不要勉强我了。"唐肃宗只好答应了他，但是他对李泌更加尊敬了，甚至做到了"出则并驾齐驱，入则同床而卧，朝中事无巨细，全都请教于他"。唐肃宗也非常相信李泌，朝中的事情都会找李泌来商量，就连宰相的任免、太子的确定都会听从他的意见。每次朝中议事的时候，肃宗都会请他和自己一起坐。很多大臣都说："穿黄袍的是圣人，穿白袍的是仙人。"

后来唐朝的军队收复了在安史之乱时失陷的长安，也平定了安史之乱，此时李泌向唐肃宗告退声称要退隐山林。他说："我现在已经报答了您对我的恩赐，现在我还是想做一个闲人，我认为没有什么比这更快乐的了。"唐肃宗对此非常惊讶，他说："这几年我和先生共同经历了患难，现在就要享乐了，先生为什么要离我而去呢？"

李泌则说："我有至少五条离开的理由，请陛下让我离开，保全我的性命。"

唐肃宗更加不解了，他说："此话怎讲？"

李泌说："我和陛下认识得太早、陛下对我的依托太重了、陛下对我太相信了、我的功劳也不小以及我的行为太过于不一般，以上的五条理由使我必须离开。"

唐肃宗对李泌的离开并没有表态，他听后只是说："这件事情以后再说，我现在要睡觉了。"

李泌则坚持说："我现在和您同榻共卧，我的请求都得不到批准，以后到朝堂上还怎么可能得到批准？如果陛下不让臣离开，无疑是置臣于死地啊。"

唐肃宗说："没有想到你居然这样怀疑我，难道我是那个只可同患难不能共享福的勾践吗？"

李泌说："正是因为陛下不想杀臣，臣才想到

> 缓字可以免悔，退字可以免祸。
> ——弘一法师

了离开，如果陛下想杀臣，臣早就受死了。陛下现在对臣这么好，现在很多话我都不敢说，以后天下安定了，很多话臣就不敢说了。"

李泌其实已经看透了官场的情势，如果当时他不离开的话，之后势必会受到奸佞之辈如宦官李辅国等人的忌妒、陷害，所以他坚决要离开，最终他也得以退隐衡山。唐肃宗只能赐他一个三品官的俸禄，并在衡山为他建了房舍。

李泌正是因为懂得了及时退让的道理，所以没有给自己招来杀身之祸，而且还保全了一世美名，是一个让人敬佩的人。

通过李泌的例子我们不难看出，该隐退的时候就要隐退，如果贪图一时的荣华富贵，那么就会给自己招来杀身之祸。

## ◎ 低调中修炼自己的内在修养

虚名能给人的不过是一时的心理满足感，很多人都会追求这种满足感，他们不惜为此而斗争。人世间的很多矛盾和冲突就是因此而起，这也是人们烦恼和愁苦的根源所在。其实虚名没有任何的价值，这种心理满足感也只是暂时的，真正的有识之人根本不会太在意虚名。

我们来看看关于西晋时期王湛的故事。

王湛身边的人都认为他是一个大傻瓜，因为他从来不表现自己，平时生活中也是一个少言少语的人，就算是别人做了对不起他的事情，他也不会计较，只是一笑了之。也正是因为这个原因很多人都轻视他，就连他的侄子王济都有些瞧不起他。

有一次，王济偶然到王湛的房间里玩，看到叔叔的床头上有一本《周易》，王济心想自己的傻叔叔能够看懂这本书吗？于是就问王湛说："叔叔，你把这本书放在床头干什么啊？"王湛回答说："当身体不好的时候，就随便翻出来看看。"王济怀疑王湛只是装装样子，未必能够看得懂这本书，于是有意问了几个问题。

王湛对王济的提问深入浅出，讲解得非常精练而且有趣，这些都是王济从来没有接触过的见解，他开始对这位叔叔另眼相看了。

经过一段时间的接触和了解之后，王济开始佩服自己的叔叔，他认为他和王湛的差距实在太大了。他非常惭愧地说："我家里有这样一位知识渊博的人，可是我和他一起生活了三十年我都不知道，这可是我的损失啊。"

王济终于要回家了，临走时他有些恋恋不舍，王湛一直把他送到大门口。王济骑的是一匹性子很烈的马，非常不好驾驭，于是他问王湛说："叔叔喜欢骑好马吗？"王湛说："还比较喜欢。"说完之后就骑上那匹烈马，态度非常优雅和轻松，就算是善于骑马的人也比不过他。王湛又说："这匹马虽然是好马，跑得非常快，但是受不得累，而且干不了重活。前两天我还在督邮那里看到了一匹好马，那是一匹好马，不过现在还小。"

王济听完叔叔的话后就将那匹马买了来，精心喂养了一段时间，等到和自己的烈马差不多大的时候准备让他们比试一次。

王湛于是说："你后面买来的这匹马需要驮着重物才能够体现出它的能力，在平地上奔跑显现不出它的优势。"于是，王济就让两匹马在土堆上进行比赛，果然跑了一段时间之后后面买的那匹马稳稳当当赢得了比赛。

通过这件事情之后，王济从心底开始佩服自己的叔叔，他回家之后就对父亲说："我居然有这样一个好叔叔，他可比我们强多了，我之前都不知道这些，还轻视他，实在是太不应该了。"

> 敦诗书，尚气节，慎取与，谨威仪，此惜名也。竞标榜，邀权贵，务矫激，习模棱，此市名也。惜名者，静而休。市名者，躁而拙。辱身丧名，莫不由此，求名适所以坏名，名岂可市哉！
>
> ——弘一法师

当时，在曹武帝的心中王湛也是一个呆笨之人。有一天他见到王济像以前一样开玩笑说："你的傻叔叔现在过得怎么样？"要是在以前，王济可能会和他一起嘲笑一番，但是这一次王济大声反驳道："我叔叔根本就不是傻子。"接着就把在王湛家的所见所闻全部讲了出来，曹武帝也认为王湛是一个非常有才华的人，后来王湛也升迁做了汝南内史。

王湛就是一个不断提高自己的能力和学识的人，他从来不重视虚名，只是在追求一种深层次的人生智慧。后来王湛也赢得了人们的敬佩和赏识。

培根说："真正的名誉都是在虚荣之外。名誉就像一条河一样，往往只是浮在水面，沉重而坚实的东西才能够沉到水底。"我们不需要一些轻浮的名誉，我们要的是沉重和坚实的东西。

# 第八课
# 以虚养心，以德养身，以仁养天下万物

## ◎ 用理智克服欲望

曾经有一个中国的留学生，在纽约华尔街附近的一所大学里读MBA。

这位留学生读书非常刻苦，而且雄心勃勃。有一天在吃饭的时候给厨房里的厨师说："虽然我现在只是一个穷学生，但终究有一天我会在华尔街成就一番事业的。"

厨师对这个留学生的雄心表示了赞扬，然后他说道："那么你在毕业了之后有什么打算呢？"

这位留学生想都没有想就说："等到毕业之后我想进入一家世界顶级的企业，在这样的企业中工作不仅会有丰厚的报酬，而且还会有一个光明的前途。"

这位厨师想了想又说："年轻人我没有怀疑你的理想，但是我想知道你之后的工作兴趣以及你的生活兴趣是什么？"

这位留学生显然没有明白厨师的意思，他不知道该如何回答。

厨师说道："如果经济还这样低迷下去，餐馆的生意还不见起色的话，我只好辞职继续去做银行家了。"

这位留学生感觉到非常诧异，他不敢相信面前这样一位满身油烟的厨师曾经是位银行家，于是他问道："你说的是真的吗？"

厨师不以为然地解释道:"我之前就是在华尔街工作,每天都要去银行里上班,每天可以说是早出晚归,工作非常忙,也正是因为这个原因我实在腾不出时间去享受生活。我的工作成绩很不错,但是我酷爱烹饪,不管是家人还是朋友都对我的烹饪技术大加赞赏,我最大的快乐就是看着他们赞赏我做的饭菜。几年前我突然有了辞职不做的想法,因为我感觉那种生活实在是太过于枯燥了,那不是我想要的。后来我就来这里做了一个厨师。你看看,我现在的生活是多么的惬意。"留学生沉默了很久,他开始思考自己的人生和自己的未来。

在这个世界上很多人都不知道自己到底需要什么,自己究竟想要的是怎样的人生。他们在不断地忙碌中丧失了自我,丧失了方向,忙碌之中反而丧失了自己的快乐和幸福。

我们生活中有太多留学生是这样的人,并没有想清楚自己的生活该是怎样的,就盲目地追求。

我们需要理智地思考,如果不这样我们很容易丧失自己,其实自己失去的才是自己最宝贵的东西。

那些看起来非常光鲜的物质或者荣誉,真的是人们所想要的吗?

曾经有一个人在深夜于沙漠中独自赶路,除了他骑着的骆驼之外,他身边没有任何的生物。

当这个人走过一个干涸的河床时,听到了一个奇怪的声音:"停下来。"

这个人感觉非常奇怪,于是他从骆驼上下来,此时又听到刚才那个声音说:"现在蹲下来抓起一把沙石。"

这个人感觉很诧异,但还是照做了。

而这个陌生的声音继续说道:"现在

> 即使万无解救,而志正守确,虽事不可为,而心终可白;否则必致身败而名亦不保,非所以处变之道。
>
> ——弘一法师

你捧着这些沙石行走，等到明天太阳升起的时候，你肯定会很高兴，同时也会很懊恼。"

这个人照做了，他捧着这些沙石上路了，等到天亮了之后，他透过一丝光亮才看清自己手中的根本不是什么沙石，而是一些光彩夺目的宝石。

此时他非常开心，但是在铺天盖地的兴奋之后，突然生出了一阵懊悔，早知道这是宝石为什么不多拿一些呢？

这个人是最普通的人，所以他会对金钱有渴望。就像那个声音说的一样，他此时不仅有喜悦还有懊悔，他此时就陷入了贪婪之中。

在接下来的路中，这个人一直受着"早知道这样我就该多抓一些"的想法折磨着。

其实，我们不妨这样想，如果第二天天亮了，这个人发现自己手中的还是沙石时，他肯定会将沙石丢下，然后苦笑两声继续赶路。

一个人如果想要坦坦荡荡地活着，就需要克制自己的欲望。

追逐欲望的人能够得到无限的满足，但是这种满足并不能长久，一旦欲望满足了，人的欲望就会随着变大。

弘一法师告诉人们不妨放下欲望，让自己的心灵在这个过程中得到滋润。一个人如果想要得到自由，就要看轻财物。一生中不要为了钱财付出什么，而是要有一颗敢于面对钱财的心，这样自己就可以达到无限度的自由了。

有了欲望的人总是感觉到痛苦。当我们在追求欲望的时候，殊不知已经被迷惑了。任何的悲伤其实都是自己造成的，不是别人给的。我们只有理智看待欲望，放下心中强烈的欲望才能够让自己获得自由。

懂得放下非分的欲望，能够克服自己对外物的渴求，就会慢慢懂得平和是福的道理。

## ◎ 不是所有时候自己都是对的

很多人在遇到事情的时候，做出的第一反应总是，自己是对的，别人是错的。但我们更应该明白吃亏是福，这里讲到的福就是让人们明白看到自己的错，这是一种最高级别的智慧，是一种大气。人们只有懂得了这种大气，才能够心境通达，才能让自己摆脱心灵的束缚。做事情的时候先看到自己的错，也不要太在意别人的看法，没有必要因为别人的想法而折磨自己。

弘一法师一直在告诫人们多审视自己的言行。虽然在我们的生活中有很多人愿意这样去做事，但是因为自己的修为还不到，所以无法坚持到最后。

曾经有这样一位绅士，他着急去办事，可是在途中的独木桥上发生了麻烦。

这个绅士在刚到独木桥上的时候，就看到桥的对面上来了一位孕妇，于是绅士非常礼貌地退了回去，给孕妇让了路。

等到孕妇过了桥后，绅士又一次上了桥。但是他走到桥中央的时候，一个樵夫挑着两大捆柴火上了桥，于是这位绅士也什么话都没有说，从桥上退了下来，让这个樵夫过了桥。

有了这样的两次经历之后，绅士在上桥之前还专门看了几分钟，看到对面的桥上没有人过来，才上了桥准备过桥，谁知自己刚上桥就看到桥对面上来了一位推着独轮车的农夫。

绅士认为自己之前已经给两个人让过了路，所以这一次就没有必要再做绅士了，于是他脱下帽子非常礼貌地给农夫说："尊敬的先生，我现在马上就要过桥了，能不能让我先过桥，而且我之前已经给两个人让过路了。"

但是这位农夫非常生气地说："难道你没有看到吗？我现在要去集市。"两人商讨了一会儿还是无法达成妥协，最终争吵了起来。

这个时候，他们看到河中央驶来一叶小舟，舟上坐着一个大和尚，于是两人想要找大和尚评理。

> 人褊急，我受之以宽宏。人险仄，我待之以坦荡。
> ——弘一法师

大和尚双手合十，然后对农夫说："你确定是非常着急过桥吗？"

农夫说："我真的很着急，如果晚了的话我就赶不上集市了。"

和尚然后说道："既然你那么着急，为什么不能给这位绅士让路呢，因为你只要稍微让一下，他过去了，你也就可以早些过去了，你们有争吵的这些时间，恐怕你们二位早都过去了。"

农夫听后虽然不知道该怎么反驳，但还是不愿意让路。于是，大和尚给这位绅士说："那你为什么不给这位农夫让路呢？仅仅是因为你已经快到桥头了吗？"

绅士非常委屈地说："在这位农夫之前，我已经给两个人让过路了，如果这样一直让下去的话，恐怕我今天一天都没有办法过桥了。"

大和尚继续说道："那么你现在过去了吗？既然你之前已经给别人让过了路，给这位农夫再让一次又何妨？虽然过不了桥，起码还可以保持绅士风度，何乐而不为呢？"绅士听后感觉非常有道理，只能惭愧地低下了头。

其实在我们的生活中，给别人让一让又有什么关系呢？做人不能够太自私，如果总是从自己的想法出发，而不去考虑别人的感受，就永远无法理解别人。我们在为人处世的过程中不要只看到别人的错误，而应该多审视自己的言行。

# 第三讲　持躬

生活中难免遇到不如意的事情，也难免遇到别人的诽谤和指责，这时候就应该第一时间从自身找毛病，看错误是不是出自我们自己。做任何事情都要懂得去克制自己的情绪，面对别人的夸奖也好，面对别人的非议也罢，以一种大智慧看待人世间的一切。

# 第一课
## 以恕己之心恕人，以责人之心责己

### ◎ 不被他人意见所左右

同样一个人在不同的立场支配下看待问题就会有所不同。所以，我们在做事情的时候，即便是考虑很周全，也无法让所有人在所有时候都满意。由此可见，做事情要有主见，只要自己认为是正确的，那就坚持做下去，不要受别人意见的影响，不要尝试着让所有人都满意。

人们都会按照自己的喜好去看待事物，看待世界。如果一味在乎别人的看法，那么自己在生活和工作中就得不到快乐，将会疲于奔命。

很久以前有一个画家，他想画出一幅让所有人都满意的画。经过几个月之后他终于拿出了一幅让自己满意的作品，于是他将这幅作品放到市场上去让人们观赏，并且在旁边放了一支笔，然后附上一段话：亲爱的朋友们，请你们对我的作品提出建议和意见，请直接在画上标出您的建议或意见。

等到了晚上，画家去市场上拿自己的画，看到自己的画上已经被涂满了，几乎每个地方都被人提出了值得修改的建议。这位画家非常伤心，并对自己的这次尝试行为感觉到非常失望。于是画家决定换一种方式再试试，于是他画了一张和以前一模一样的画，再次拿到市场上展示，但是这次他让看的人将他画得好的地方标记出来。这次以前所有被指责的地方，则标上了被赞美的记号。

画家看完感慨地说："我算是看明白了，不管你做什么事情，能让一部分人满意已经很不错了。因为很多东西在一些人眼里是美好的，而在另一些人的眼中则变成了丑陋的。"

不管你在做什么事情，肯定不能让所有人都满意，因为每个人看待问题的角度和价值观不同，更何况他们的看法在不同的场合下也不同，如果我们想要得到所有人的追求，而不断迁就别人的要求，最终不但不能使他们满意，还会让自己有受挫感。

如果强行将别人所有的建议和意见都放在自己身上或者自己所做的事情上，那最终会导致失败。在只涉及自己的做事方法和人生目标方面的事情上，不要太在意别人的意见，追求成功的路上要更懂得相信自己、信任自己。

曾经有一对父子赶着他们的驴子准备去集市上做些买卖。他们没有走多远就看到了一堆人对他们指指点点。其中一个人说："你们看啊，你们见过这种人吗？放着驴子不骑，而在走路，真是太好笑了。"父亲听到这句话之后，感觉也有道理，于是就让儿子骑在驴上。

可是走了不久，他们又遇到几个老头，他们中有一个指着他们父子说："看看，这个情况就证实我刚才的话，年轻人根本不懂得尊重老人。你看现在这个孩子居然骑在驴子上，而他年迈的父亲却在走路。他难道就不知道让他父亲歇一歇疲劳的双腿吗？"儿子想想这些老头说得也有道理，于是就从驴子上下来，让他父亲骑了上去。

这对父子刚走出几步，就又碰到几个妇女，其中一个妇女大喊道："你看这个无用的老头，居然让自己的儿子走路，自己却骑在驴子上舒服。难道他没有看到他儿子已经上气不接下气了吗？"这个父亲没有办法，只能又从驴子上下

> 不为外物所动之谓静，不为外物所实之谓虚。
> ——弘一法师

来，抱起儿子两人一起骑在驴子上面。

走了一段路之后，这对父子又碰到几个人说："你们真的是太残忍了，居然两个人骑着一头驴子，这头驴子真的是太可怜了。"

父子两人想想感觉有道理，于是两人将驴子捆起来，然后用一根木棍抬起驴子，然后继续往前走。但是在过一座桥的时候，他们又遭到了别人的嘲笑。很多人都围过来看他们，大家都在取笑他们居然抬着驴子。大家的笑声激怒了驴子，它挣脱了绳索掉到河里去了。

上面虽然只是一个笑话，但是它也在告诉我们，做任何事情不要被别人的舌头压死，要懂得走自己的路，任何事情只要做得问心无愧就足够了。如果整天担心别人对自己的看法，那么最终会一事无成。

天下本无事，庸人自扰之。要坚持自己的想法去做事情。

## ◎ 严以律己宽以待人

三国时期，刘备常以"勿以恶小而为之，勿以善小而不为"自律，却对身边将士十分宽容。

三国时刘巴可以说是一贯反对刘备的人。曹操带兵攻打刘备，别人都跟随刘备南下，唯独刘巴却向北投降了曹操。赤壁之战后，刘巴被困在荆州，诸葛亮写信劝他归顺刘备，刘巴依然不肯，又投降了刘璋。刘备和他的将领都非常痛恨刘巴。但在攻打刘璋即将破城时，刘备却下了一道命令："谁要杀了刘巴，我就诛他九族。"因为刘备知道刘巴是一个不可多得的人才，后来刘巴果然做了刘备的尚书令。

做人应该不断审视自己的行为，以从中悔改，一个人如果不能严格要求自己，那么就不会拥有享受美好人生的资格。当然，人们也要懂得体谅自己，不要用自己无法做到的事情去要求自己。弘一法师也一直教导人们要善于悔过。

> 以情恕人。以理律己。
> ——弘一法师

舜的故事已经是耳熟能详了，很多人都知道他的父亲、后母以及弟弟都是很凶狠的人。但是舜一直对他们很好，从来不指责他们的缺点，他一直坚持认为如果他们有缺点，那首先是自己也有缺点。他就用这样的态度对待亲人和朋友，而不是天天和他们斗争，他在自我反省中不断提高自己，不仅改正了自己的很多缺点，而且终于取得了成功。

其实，舜依靠自己的反省不仅让自己取得了成功，而且也慢慢改变了父亲、后母以及弟弟的心态和做事方式，他们最终拥有了一个友善、和谐的家庭。后来尧听说了他的事情之后，经过调查之后将自己的两个女儿嫁给了他，最后还将王位也传给了他，尧看中的就是舜的品德和胸襟，以及不断反省自我的做人态度。

由此可见，能够以情恕人难能可贵，是一种高贵的品质。弘一法师也一直在强调这一点，他主张人们要懂得以情恕人，以理律己。

"以情恕人"中的"情"指的是人之常情；"恕"则指宽容和体谅他人。我们暂且不去看这四个字的意思，单单看"恕"字与"怒"字的差别就会发现，人如果一再发怒就会让自己的"心"变成脾气的"奴隶"。人饶恕了他人的过错，善于反省自己，其实是善待了自己的心。

但是说起来容易做起来难，大多数人都比较容易宽恕自己，而不容易宽恕别人。很多人习惯性地对自己的错误视而不见，而对于他人的错误则不断苛责。其实在要求别人的时候，首先考虑下自己做得是否正确，是否应该这样苛责他人。就算是别人真的有错误，那做事情也不要太过于刻薄。

我们不妨像弘一法师说的那样，要懂得"以情恕人"。如果我们能够原谅他人的错误、能够不断反省自己，何愁交不到朋友、何愁不能有天长地久的友情呢？

从现在开始，我们就应该练就体察人情、反省自己的习惯。尽量考虑到别人的苦衷，尽量原谅别人的错误。这样我们就不会成为自己脾气的奴隶了。

# 第二课
# 步步占先必有人挤，事事争胜必有人挫

## ◎ 争强好胜引恶果

做任何事情都不能操之过急，更不能争强好胜，如此就会容易遭到别人的打击。

人们都不愿意听到别人否定自己，自然争强好胜是人的一种本能。往好了说，争强好胜是一种有进取心的表现；但是争强好胜也会给自己带来伤害。弘一法师就不断提醒我们，不管是修养身心还是为人处世都应该注意，切勿争强好胜。

苏东坡和秦少游都是宋朝有名的文人，而且彼此之间也是非常好的朋友，他们两人经常在一起谈论诗赋。

有一次，苏东坡和秦少游两人在一起吃饭，看到桌子上有一种虱子，苏东坡就说："人的身体实在是脏，脏东西都变成了虱子。"秦少游说："虱子根本不是人身体的污垢变成的，是棉絮变成的。"

于是，两人各自认为自己的观点是正确的，都不愿意接受对方的观点，两人争执起来差点因为这个事情而翻脸。最后他们找到了佛印和尚，希望和尚能够给他们做个评判。苏东坡先找到佛印，然后一再拜托让佛印说虱子是人身体上的污垢变成的,他不想在这件事情上输给秦少游;苏东坡走后不久,秦少游也找到了佛印,并且也希望佛印能够说虱子是棉絮变成的,他也不想输给苏东坡。当时佛印都答应了他们。

于是两人都认为佛印会帮助自己,他们都非常自信。可是到了第二天,他们一同去找佛印和尚,佛印很巧妙地说:"虱子啊,它的头是人身体上的污垢变成的,而它的身体则是棉絮变成的。你们一人说对了一半,所以谁也没有战胜谁。这是件小事情,你们没有必要为了这种事情而争吵。"两人这才反应过来,纷纷开始佩服佛印和尚的智慧,同时也为自己的争强好胜而感到羞愧。他们相互道了歉,重新又成为了好朋友。

> 步步占先者,必有人以挤之。事事争胜者,必有人以挫之。
> ——弘一法师

其实虱子到底是什么变成的,苏东坡和秦少游都不关心,他们只是陷入了争强好胜的怪圈,他们都不愿意让对方认为自己的知识不够渊博,更不愿意向对方认输,所以才开始争论。任何事情难道胜负就那么重要吗?人们如果能够放下争强好胜的心,就能够化干戈为玉帛,就能够免除很多麻烦。世间很少有人能够明白这个道理,所以他们才吃了很多苦头。

其实,真正的胜者往往是战胜自己的人。如果整天想着和别人一决高下,当时可能感觉非常好,但是时间长了就会在心态上形成一个巨大的落差。

## ◎ 懂得涵容别人的过失

涵容是一种美德，是一种值得人们学习的精神，更是一种生活中的处世方法。耶稣就曾经劝导人们"应该去爱你的敌人"。虽然身边的人可能有很大的缺点，但是他肯定也有值得我们包容的地方。涵容是一种非常可贵的精神，能够容纳别人的人是一个了不起的人。

在东汉时期，有一个叫做甄宇的官员，他一度担任太学博士。甄宇是一个为人忠厚老实、做事谦虚谨慎的人。

有一次，外藩进贡给皇帝一些活羊，皇上将它们分给了在朝的官吏。

但是分配羊的时候，负责的官员有些为难了，因为这些羊有肥有瘦、有大有小，这该怎么分呢？

很多大臣也纷纷献计献策。

有人说："将这些羊全部杀掉，然后给大家分羊肉就是了。"

也有人说："要不我们抓阄，全靠自己的运气来分羊。"

就在大家纷纷献计献策的时候，甄宇走了过来，他说："分羊是个很简单的事情，依我的意思，现在大家随便牵一头走就是了。"说完他就牵着一头最为瘦小的羊离开了。

看到甄宇牵走了最小的羊，其他人都不好意思了，他们也都开始拣最瘦小的开始牵，很快羊都分完了而且大家都没有一点怨言。

后来，这件事情被光武帝知道了，他夸奖甄宇的大度，并且还笑他是一个"瘦羊博士"，

> 涵容是一种不可多得的雅量，是修行必需的德行。
> ——弘一法师

自此这个美誉也是传颂久远。

不久之后,大臣们纷纷推举甄宇,甄宇最终担任了太学博士院院长的职位。

从表面上看,甄宇当时牵走了最小的羊,好像是吃了很大的亏,但是他却因为这件事情而得到了群臣的拥戴和皇帝的器重,其实他是占了最大的便宜。其实生命的意义就是接纳别人和宽恕别人。如果总是表现出一副咄咄逼人的样子,只能是让自己越来越不受别人欢迎。

古语有云,宰相肚里能撑船。涵容是一种伟大的精神,我们只有能够宽容别人的行为,才能够受到别人的欢迎。就算是别人做了对不起自己的事情,如果能够以一种大度的心态对待,不仅自己的内心会好受很多,而且对方也会开始敬佩你。

# 第三课
# 见益而思损，持满而思溢

## ◎ 做事切忌太满

很多人对《三国演义》中的关云长非常熟悉，他和刘备、张飞结义，被称为美髯公，而且最终做了汉寿亭侯，一生中值得人们传诵的事情是数之不尽。

但是就是这样一个值得人们敬佩的英雄人物在性格方面还是有很大的缺陷，甚至可以说是致命的弱点。

关云长其实是一个刚愎自用、固执偏激甚至根本不愿意听从别人建议和意见的人。或许除了刘备、张飞以及诸葛亮之外，他真的谁的建议都不愿意听。

在关云长固守荆州的时候，诸葛亮就看到了他的这个弱点，于是一再叮咛他，让其"北拒曹操，南和孙权"，做任何事情都不要冲动。但是关云长在具体实施的过程中还是没有按照诸葛亮的话来做。当时吴主孙权派人来见关云长，并且表示愿意就孙家和关家进行联姻，但是关云长听完之后非常生气，他对来人说："我的虎女怎么能够嫁给你家的犬子呢？"他的这句话自然是得罪了很多人。

关云长的这种火暴脾气让人感觉有点目中无人，他在很多事情上都是由着自己的性子来。就像上面的故事，就算你认为对方的儿子配不上你的女儿，那不同意就是了，没有必要出口伤人，刻意贬低对方。就是因为他的这种性格，无形中得罪了很多人，也在无形之中破坏了蜀国和吴国建立的良好友邦关系。

最后，关云长自己也是落了个败走麦城、被俘身亡的下场。

其实，关云长不仅对别人如此无理，就算是对自己的手下或者同僚也是非常高傲，经常有同僚认为他是一个没有礼貌的人。当年刘备和诸葛亮劝降了名将马超，当马超投降之后，刘备和诸葛亮决定让他去做平西大将军，这件事情被守卫荆州的关云长知道了，他就给诸葛亮写了一封信，责问诸葛亮说："马超小儿能和谁相比，居然做平西大将军？"这件事情后来让马超知道了，自然是得罪了马超。

其实这种事情在整个《三国演义》中不少见。当时被人们敬仰的老将军黄忠被封为后将军，关云长知道这件事情之后非常不以为意，他当着众人的面说："自己这种大丈夫不愿意和老兵为伍。"

关云长虽然是一个很有本事的将领，但是性格方面的缺陷最终让他吃了恶果。

其实，人们做人做事都不应该气量狭小，这样很容易在语言中得罪人，让别人下不来台。人的眼界应该开阔些，如果总是局限在自己这里，三言两语中总是得罪人，那么会让人感觉有故意侮辱的感觉。

弓如果拉得太满了就容易折断，同样的道理，一个人如果说话、做事太满的话就容易失败，拥有大智慧的弘一法师就不会这样做事。

弘一法师是一个很有主见、很有头脑的人。他做任何事情都有自己的一套，同时也经常用自己的领悟去教诲别人，他的一生中很少和别人对峙、争吵。一方面是因为他的观念能够让别人信服，另一方面是因为他做人非常谦虚，和别人交谈的过程中不会让别人感觉到有轻视或者贬低的感觉。

为人处世的过程中有主见、有原则是件好事，但是一定不要过于固执己见，也不要过于偏执。我们应该多听听、多看看别人的优点和长处，善于吸纳别人的意见，

> 事当快意处，须转。
> ——弘一法师

这样自己发挥的机会才会多一些。如果一个人做任何事情都喜欢抢占机会，那么时间久了就不会有人喜欢了。要知道人世间不仅只是你一个人有本领，旁人自然有旁人的价值，他们有自己的能力，如果总是认为自己是最强的人，那么最终会导致失败，甚至付出生命的代价。

如果我们只知道固执己见、容不得别人的任何才华和能力，只知道在自己的领域中发展，并且将偏执当作是一种优良的品质继续下去，那么自己无疑就是一只坐井观天的青蛙，永远没有长进之日。

## ◎ 大智若愚是境界

曾经有这样一个故事。

有个人总是希望得到皇帝的欢心，于是他就问别人说："我该如何得到皇帝的赏识呢？"

对方想了想说："如果你想得到皇帝的赏识，那就应该学习学习皇帝的样子啊。"

于是这个人跑去觐见皇帝，他一边观察皇帝的行为和举止，一边默默记了下来，就连皇帝在什么时候眨眼睛他都记了下来，他也按照这个频率来眨眼睛。

皇帝看到他的行为之后感觉很奇怪，于是就问他说："你的眼睛有问题吗？还是眼睛里有了东西，为什么总是眨眼睛？"

这个人很得意地说："皇上，我的眼睛没有任何问题，我这样做只是为了得到您的欢心和赞赏。"

皇上听了之后感觉非常生气，于是说："笨蛋，我真没有见过你这么愚蠢的人。"说完之后就命人将这个人丢出了宫外，并且暴打了一顿。

这个人挨了打之后还是不明白皇帝为什么骂他是个笨蛋，于是就到一座寺庙里找到了一位德高望重的高僧，然后说："为什么我学着皇帝的样子做事情，他却说我是笨蛋呢？"

高僧没有回答，而是反问他说："如果你走路的时候后面跟着一个人，你往右走他就往右走，你下坡他就下坡，甚至你坐下来抓抓头发他也坐下来抓抓头发，你会感觉到高兴吗？这样的人怎么可能讨得别人的欢心？"

这个人听完之后点了点头，然后说："我好像明白了一些什么。"

其实，任何事情都是一样，如果不动脑筋而只是一味效仿他人，自己认为自己很聪明，其实是很愚蠢的做法。

弘一法师之所以得到人们的敬仰，就在于他有真实的本领，而且还有丰富的人生历练，从来不欺骗人们。大家都知道弘一法师出家之前叫做李叔同，他当时是中国学术界公认的奇才，是中国新文化运动的先驱，而且在书画、音乐等方面的造诣非常高。但是弘一法师并不以为傲，他一如既往地严格要求自己，更不会将自己的才学拿出来卖弄。

弘一法师在没有出家之前，有一次给学生上音乐课，当时很多学生围着他听他弹琴。其中有一个学生慢慢开始厌倦了，于是他站起来出去了，并且重重地摔了一下门，摔门的声音惊吓到了其他学生，但是法师并没有责骂他，只是追出去，非常和善地说："以后可不能这样。"说完之后鞠了一躬示意这个学生离开，当时这个学生感觉非常惭愧，一句话都说不出来。

在别人看来，弘一法师的这种行为非常愚蠢，他们会认为老师为什么要给自己的学生鞠躬，而且这个学生还犯了错误。但是弘一法师却不这么看，他认为想要说服对方并不一定要用严厉的语言，而他鞠躬只

> 聪明睿智，守之以愚。
> ——弘一法师

不过是对对方的尊重，在他的眼里世界上所有的人都是平等的，老师和学生之间地位是平等的。他之所以用这种方法来教导学生，是希望学生能够自我醒悟，这种方法要比批评效果好得多。这其实就是一种大智若愚的智慧。

很多人认为"大智若愚"是一种高深莫测的境界，其实他并没有那么玄妙，在生活中只要多领悟，时间久了自己也就可以做到了，但这种智慧绝不是通过效仿就可以学到的。

其实，大智慧就是最高的智慧，这种智慧有时候更接近于没有智慧，给人感觉有些木讷，甚至愚蠢。有些在生活中的做法初看很愚蠢，但是经过时间的沉淀，通过一段时间的检验之后，会发现这种做法反而是最佳的做法，才发现这才是真正的智慧。

这种可贵的大智慧，自然不会表露出来，所以一个人如果想要通过效仿从而得到高深的智慧，肯定无法达到。就像上面讲到的那个人，仅仅是通过效仿皇帝的做法，既得不到皇帝的智慧，还会引起皇帝的反感，挨揍就"顺理成章"了。

真正的智慧不会流露出来，而那些肤浅的、流露于外的所谓的"智慧"经不起时间的推敲，不会长久。

# 第四课
## 尽前行者地步窄，向后看者眼界宽

◎ 放下缺点而发扬优点

古语云，金无足赤，人无完人。如果一个人总是纠缠在自己的缺点上，那么他就不会幸福，要知道任何人都有缺点，我们可以不断去改正自己的缺点，但没有必要因为这些缺点而苛责自己。与其不断苛责自己的缺点，不如多花些时间去发扬自己的优点。

我们来看一个高中生小智的故事。

小智在上高中的时候，班里每天上语文课的时候都有一个特殊的环节，那就是课前五分钟的"才艺展示"。按照规定，班里所有的人都要参与，每天一个人轮流上台展示自己的才能，节目的内容不限，只要是自己的才能就行。

有一天语文课轮到小智上台了，小智其实是班里很"拿不出手"的男孩，他学习成绩很差，而且人也是邋里邋遢的。这天只见他慢腾腾走上台，摘下了他作为道具的西部牛仔帽子，先是向同学们深深鞠了一躬，然后说："大家都应该看到我的个子比较小，但其实大家要知道我比只有一米五九的拿破仑要高出一厘米，而维克多·雨果和我的身高也差不多；我的前额不宽，而且天庭也不饱满，但是伟大的哲学家苏格拉底和斯宾诺莎却和我一样；我现在只是一个高中生却有点秃顶的症状，其实大名鼎鼎的莎士比亚也是这样；我的鼻子也是我的缺点，但是它却和伏尔泰、乔治·华盛顿的很像；我凹陷的双眼与圣徒保罗和哲学家尼采也很相似；而我这厚厚的嘴唇更是和法国君主路易十四相同；我粗胖的脖子和马克·安东尼可相媲美。"

小智停了停继续说："可能我的耳朵有些像招风耳，但是好像耳大有福，大家要知道塞万提斯的招风耳全世界都有名；我颧骨高耸、面颊凹陷，可是大家应该看出来这和独立战争的英雄林肯很像……是的，我身体上有很多缺陷，但是这可是伟大思想家们的共同特点。"

说完之后，小智又鞠了一躬走下台来，教室里立马爆发了经久不息的掌声。

小智的这次演讲得到了同学们的一致好评，不仅因为他讲得非常幽默，更在于他懂坦然面对自己的不足。

很多人在发现自己的缺点之后，总是想方设法掩盖，其实很多时候自己的缺点并不是什么缺点。比如很多人怀疑自己的长相，认为自己长得不够帅，但是可能在别人眼里，他的这种长相反而有一种成熟和深沉的感觉。所以不要过于苛责自己的缺点。

曾经有一个年轻人想要称赞和他相亲的女孩子，但是每个他认为好看的地方，在这个女孩子眼里都是缺点。

这个年轻人说："你的眼睛好大、好漂亮。"

"是吗？我一直认为这双眼睛和牛眼一样。"女孩子说。

其实同样的一个地方，因为人们的看法不同，自然就会有不同的观点。自认为是缺点的地方，如果你花时间去改掉了，却发现自己的魅力少了很多。很多时候我们在改正那些并不是"缺点"的缺点的时候，往往顺带将自己的优点也抹去了。

> 不自重者取辱，不自畏者招祸。
> ——弘一法师

就算自己发现的缺点真的是一个缺点，那你花费了很多时间和心血，但是最终却没有彻底改正，与其这样还不如将时间花在发扬自己的优点上。因为同样的努力可以得到更好的效果。

弘一法师曾经讲过，自己有很多缺点，但是在面对有些问题上他不会刻意花很多时间去改正，因为他知道这样的做法根本不值得。

就像在寒冷的冬天，我们总是去擦拭窗户上的雾气，但是擦完之后，很快又会结上一层。我们为此而懊恼，当我们将此向别人抱怨时，不妨想一下，如果把房间里的炉火烧得旺一些，让房间里暖和一些，那么雾气自然就会消失了，何必为此而烦恼呢？

这个故事里的雾气其实就像我们身上的缺点，我们极力想要抹去，但总不能如愿。与其这样，还不如依靠自己的良心和真实存在的优点掩盖这些缺点，这样缺点的损害就会降到最低。俗话说："智者改过而迁善，愚者耻过而逐非。"我们不要因为自己身上的缺点而苦恼了，而是应该去拓展自己的优点。

## ◎ 做事要把握好度

财富和地位很多时候会成为聚集怨恨的根源；而名誉和声望很多时候会给人引来诽谤。我们要懂得"度"，要不断自省，这样才可以免去灾祸。

俗话说："水满则溢，月满则亏。"做任何事情都要注意把握度，在适当的范围内就不会有太大的过失；而一旦超出了这个范围危险也就随之而至了。

谁都知道杨修是东汉时期著名的才子，但是他恃才傲物，不懂得收敛自己的才气，更不知道如何合理使用自己的才能，总是在曹操面前炫耀，最终招来了杀身之祸，实在是让人惋惜。

东汉末年，杨修因为才思敏捷、聪明过人所以在曹操的丞相府担任主簿，为曹操掌管文书事务。曹操也是一个自视甚高的人，他也喜欢卖弄一些小聪明，以捉弄和刁难下属为乐。但是杨修比曹操更聪明一些，总是能够识破曹操的小聪明，因为这个缘故，曹操对杨修逐渐有些不满意了。

有一天，曹操找来一些工匠在自己府第的后面修建一座花园，等到花园落成之后，曹操亲自去查看，这座花园修得错落有致，景物相宜，曲径通幽，极富情趣，曹操十分满意。但是走出花园的时候曹操忽然皱起了眉头，随即让侍从取来笔墨，在门上写了一个"活"字，写完之后二话没说，转身就离开了。

这到底是什么意思呢？工匠们捉摸不透，这个时候正好杨修经过这里，工匠们就像见到救星一样，将刚才的事情讲给他听，杨修听后就说："丞相是嫌弃这个门太窄了，你们试着拓宽一些。"

"丞相真的是这个意思吗？"工匠们还有些不放心，杨修笑着说："你们看，把'活'字放在'门'里，不就是'阔'吗？"工匠们才恍然大悟，于是按照杨修的指示将门加宽了一些。

第二天，曹操又来看自己的花园，看到改装之后的园门之后非常满意，于是找来工匠问道："是谁让你们这样做的？"工匠们说："是杨主簿教的。"曹操心里想到，杨修这小子算是聪明到家了。但是心里又一想，杨修难道比自己聪明吗？心里顿时不快了起来。

后来过了一段时间，北方有人给曹操送来一盒精制的油酥，曹操品尝之后感觉味道非常好，于是将这盒油酥合了起来，然后顺手在盒盖上写了一个"合"字，然后离开了。等到曹操走了之后，大家开始议论纷纷，他们都不知道曹操这是什么意思，于是有人提议问问杨修。

杨修来之后，看到油酥盒子上的字，思索了一会儿，居然拿起盒中的油酥吃了起来，这个时候一个老文书站起来说："你不要命了，这可是丞相喜欢吃的东西。"杨修则说："你们难道没有看出来吗？正是因为好吃，所以丞相让我们一人一口分吃了，大家来尝尝吧。"老文书还是有些不放心，他说："你可不要捉弄我们。"杨修笑着说："你们看，这个盒子上写着一个'合'字，不就是'一人一口'吗？"说完之后又拿起了一块放到了嘴里，这个时候大家想想也有道理，于是分吃了那盒油酥。

后来曹操知道又是杨修猜透了自己的心思之后，虽然认可了杨修的才华，但是心中难免有些忌妒之情。

曹操心里也知道自己的才华比不上杨修，总想着找个机会教训一下他。

杨修虽然有才华，但是太过于展露自己的才华，而且他不懂得将自己的才华用在该用的地方，最后招来了杀身之祸。

建安十九年春，曹操亲率大军进驻陕西阳平，与刘备争夺汉中之地。但是刘备的军队守备很严密，可以说是无懈可击。当时连日下雨，而且曹军在战事上毫无进展，曹操已有了退兵之意。

有一天，曹操正在吃饭，他一边吃饭一边想着下一步的行动，这个时候有个军令官前来请示曹操，今天晚上的口令是什么。曹操的军中每天都要更换口令，曹操当时正好将一块鸡肋放在嘴里，于是就脱口说了"鸡肋"二字，军令官听完之后感觉很奇怪，但又不敢问，只能退了出来。

这个消息传到了杨修的耳朵里，他就开始整理自己的笔札和行装，做出要走的准备。一个文书看到之后就问他说："杨主簿啊，这些都是每天要用的东西，你今天收拾好，明天用的时候还要打开多麻烦。""不用了，我们马上就要回家了。"杨修说。

"回家？怎么可能？丞相还没有下令啊！"这个文书说。

杨修诡异地一笑说："你还没有察觉到吗？丞相今天用'鸡肋'作为口令不就是想要离开的意思吗？'鸡肋'是什么？'食之无味，弃之可惜'，丞相以此来暗示我们现在的处境，凭我的直觉，我认为丞相已经做好了撤军的打算了。"

杨修的猜测很快传到了守将夏侯惇的耳朵里，他也相信了于是命令手下开始收拾东西，做好撤退的准备。没有想到这天晚上曹操因为操心军情而睡不着，于是到

> 事不可做尽，言不可道尽。
> ——弘一法师

第三讲 持躬 | 097

大帐里巡逻，但他看到部队正在收拾着撤退时非常惊奇，于是找来夏侯惇查问，夏侯惇就将杨修的猜测说了出来，曹操此时对杨修已经非常不满了，这下子正好抓住了把柄，他就以扰乱军心的罪名，将杨修问斩了。

当时曹操虽然杀了杨修，但是最后还是下令撤退了，虽然杨修猜对了曹操的想法，但是因为他太过于张扬，不懂得收敛自己的才华，最终只能被问斩。

通过杨修的故事我们就可以看到，做任何事情都要注意"度"的把握，如果把握不好，很容易将好事做成坏事。有关这一点，弘一法师也不断告诫我们，做任何事情如果不懂得把握度，总是不断炫耀自己的能力或功绩，最终会让自己招来别人的忌恨。

不管是才华、富贵还是名誉这些都应该有个度来衡量，一旦追求过度了，就会成为负担，甚至会为自己招来灾祸。

## 第五课
## 花繁柳密拨得开，风狂雨骤立得定

◎ 实践中开悟心智

在一个班级里面有一个学生叫张三强，张三强天生有些愚钝，所以学习成绩很一般。后来老师想到了一个办法，让全班所有的同学都帮助张三强复习功课，但是几个月之后，张三强的成绩还是没有起色。

老师对于这个情况非常着急，对于张三强也多了一份关注，于是将他叫到面前，然后一字一句地说："其实学习知识只要认真就可以了，如果自己已经努力了，而又没有起色自己不要气馁，这些都没有关系。只要我们学会做人就是了，知识可以慢慢学。"张三强非常感动，于是在家中反复思考老师给他讲的话。

后来，老师有心要锻炼张三强，于是派他代表班级参加辩论比赛。当时张三强的愚钝已经很有名了，其他班级的同学也都是早有耳闻，所以准备刁难一下他。

张三强发现了他们的想法之后，对此并不生气，反而特别礼貌，他还将老师之前给他讲过的那段话讲给其他的学生听，大家都接受了他，不再刁难他了。

但是还是有一些学生等到张三强说完之后，开始大笑，然而张三强并不理会他们，还是按照老师教给他的方法对待别人，最终张三强赢得了所有同学的尊敬和敬佩。

> 人生最不幸处，是偶一失言，而祸不及；偶一失谋，而事幸成；偶一恣行，而获小利。后乃视为故常，而恬不为意。则莫大之患，由此生矣。
> 
> ——弘一法师

后来，张三强在这次演讲比赛中赢得了很多朋友，他们在之后的学习道路上相互帮助，张三强的成绩也有了很大的起色。

其实，一个人是否能得到别人的尊敬并不一定在于你知道多少知识，而关键要看你是如何对待别人的。虽然张三强是个愚笨的人，但是他内心有着一颗善良的心，所以他可以赢得其他同学的肯定。

其实不仅仅是张三强能够做到，我们每个人都可以做到。只要我们每个人坚持一颗善良的心，就会赢来别人的尊敬。

## ◎ 克制好自己的情绪

曾经有一个比较笨的人一直过着贫穷的日子。

有一天，下了大雨，大雨将他家的院墙淋塌了，第二天他在整理废墟的时候，却在墙根下挖出了一罐金子，从此他告别了贫穷的日子。生活的情况立马改变了，但是他的愚笨并没有随着生活条件而改变，他感觉非常苦闷，于是找来一位高僧，希望对方能够帮助他。

这个愚笨之人对高僧说："我该如何变得聪明呢？"

高僧对他说："其实方法很简单，你只需用你的钱去买别人的智慧就可以了。"

听完高僧的话之后，愚笨之人就来到了城市里，希望自己可以找到一个拥有智慧的人，这个时候他遇到了一个僧人，于是他叫住僧人说："大师，能不能将你的智慧卖给我？"

这个僧人说:"当然可以,不过我的智慧非常贵,要五百两银子一句话。"

愚笨之人说:"只要能够买到智慧,我非常愿意。"

> 业识未消,三昧未成,纵谈理性,终成画饼。
> ——弘一法师

僧人就对他说:"那我现在就卖给你一句话,当你遇到困难的时候,只要静下心来,然后向前走三步,再后退三步,这样反复三次就可以了。"

愚笨之人用怀疑的口气说:"这就是你卖给我的智慧吗?难道就这么简单吗?"

僧人则笑道:"施主还是先回去吧,等到你认为我的话对的时候,再来付钱吧。"

愚笨之人听完之后就回家了,他到家的时候已经是半夜了。当他进门的时候,居然发现自己的妻子和另外一个人睡在一起,于是他心中升起了怒火,他从厨房里拿来菜刀准备杀死他们。

当他拿了菜刀走到门口的时候,突然想起了僧人的话,于是他向前走了三步,然后再向后走了三步,这样反复了几次,却惊醒了房间里的人,这个时候他听到房间里有人说:"儿啊,你一个人在院子里做什么啊?"

愚笨之人听完之后才明白过来,原来是母亲来陪妻子,他倒吸了一口凉气,心中庆幸道:"如果今天没有僧人的智慧的话,今天晚上就要错杀妻子和母亲了。"

第二天愚笨之人就找僧人想要付款,但是还哪里找得到那位僧人。

其实这个故事就是在告诉我们,当我们遇到事情的时候,要克制自己的情绪,心平气和地去处理事情,这样才可以处理好事情,而且不至于让自己后悔。做任何事情都要三思,不要让自己失去平衡,不要被情绪操纵,否则只能让事情变得更糟糕。

# 第六课
# 人当变故之来，宜静不宜动

## ◎ 冷静面对突发事件

在遇到事情的时候，一定要注意不要乱。做任何事情都不要着急，不要慌乱。这种不慌乱不仅指心理的不慌乱，还指原则、公理以及真相的不慌乱。即便遇到非常紧急的事情，也要做到讲良心，不偏袒；讲原则，要慎重；讲公理，懂善断；讲真相，能明察。

公元73年，东汉大将军窦固出兵攻打匈奴，当时班超是他手下的司马。窦固为了能够抗击匈奴，决定采用汉武帝用过的办法，联合其他西域国家，然后共同抗击匈奴。窦固对班超的才学非常赏识，于是派遣班固出使西域各国。于是班超带着三十六名随从出发了。

班超一行人首先到达了鄯善国，鄯善国之前归附于匈奴，因为匈奴无节制地索要财物，鄯善国国王越来越不满意了。但是那时汉朝已经无暇顾及西域各国，所以鄯善国国王只能忍气吞声，听从匈奴的命令。而这一次他看到汉朝的使臣时非常开心，殷勤地接待了他们。

但是好景不长，没过几天，班超就发现鄯善国国王对他们冷淡了下来，于是就起了疑心，他问随从人员说："你们难道没有看出来吗？鄯善国国王对咱们不像前几天那么热情了,我想匈奴的使者应该也来了。"

就在他们猜测的时候,正好鄯善国国王的仆人送来了酒食,班超假装早就知道的样子说:"匈奴的使者来有几天了?他们现在住在什么地方?"班超的话吓了仆人一大跳,他被班超迷惑了,以为班超已经知道了,就老老实实地说:"来了大概有三天了,他们就住在离这儿不到三十里的地方。"

班超扣留了那个仆人,然后召集自己的随行人员,对他们说:"大家和我一起来西域为的是保家卫国,现在匈奴的使者来了才三天,鄯善国国王的态度就变了,如果他把我们抓起来然后送给匈奴,这样不仅不能保家卫国,就连自己的尸体也都没有办法回乡了。你们看怎么办?"大家都有点着急,于是对班超说:"现在大家全听你的。"班超于是说:"'不入虎穴,焉得虎子。'现在唯一的办法就是趁着夜黑潜到匈奴使者的帐篷里,一面放火,一面假装进攻,杀死匈奴使者。匈奴使者一死,事情就好办了。"大家也都认可了班超的这个计划。

到了这天半夜,班超率领着自己的三十六个随从偷袭了匈奴使者的帐篷,正好那天晚上有大风,班超和自己的随从放火烧了匈奴使者的帐篷,一时间火光四起,匈奴使者不知道到底有多少人,等他们惊醒的时候,已经被班超及其随从全部杀死。

等到班超他们回到自己营房的时候,天已经亮了,他请来鄯善国国王,告诉了他昨天晚上的事情,鄯善国国王听到匈奴使者已经被杀,只能表示愿意服从汉朝的命令。

班超回到朝廷之后,汉明帝论功行赏封他为军司马,并且派遣他到于阗去。

汉明帝让班超多带些人马,但是班超说:"此去于阗路途遥远,就算是带上几百人也没有什么用,其实路上人多了反而麻烦。"于是班超依旧带着自己之前的三十六个随从出发了。

等到了于阗,于阗国王看到班超带的人很少,招待也就不怎么热情了。班超劝说于阗国王脱离匈

> 无事时,戒一偷字。有事时,戒一乱字。
> ——弘一法师

奴，然后和汉朝交好。当时于阗国王决定不下，于是决定请示巫师。那个巫师对汉朝和于阗交好这件事情很不看好，所以他装神弄鬼一番之后，对于阗国王说："你为什么要和汉朝交好呢？我只是认为汉朝使者的那匹马还不错，可以拿来骑骑。"于阗国王派人向班超讨马。班超说："马倒是可以给，但是要巫师自己来取。"

过了一会儿，那个巫师得意扬扬地来取马，班超和他并不多说，手起刀落就斩了巫师的首级，然后拎着巫师的脑袋去见于阗国王，责备说："如果你还要继续和匈奴勾结，那么巫师就是你的榜样。"于阗国王早就对班超的英名有所耳闻，这下是真的服了，战战兢兢地说："我现在愿意和汉朝交好。"

班超在出使西域的时候两次遇险，两次遇到复杂的情况，但是他都从容应对，而不是慌乱了手脚。当时如果他慌了手脚，不知道该何去何从，那么最终肯定会让事情败露，甚至还会丢了自己和随从的性命。

我们在生活和工作中经常会遇到一些突发事件，这些事情甚至会超出我们的想象，那么在这种情况下我们该如何面对呢？这个时候我们应该像班超一样静下心来，静观其变，思考处理事情的办法，最终将圆满处理事情。

# 第七课
# 安莫安于知足，危莫危于多言

## ◎ 不自欺也不欺骗别人

曾经有这样一个关于老师和学生们的故事，而其中一个特殊的孩子更是引人注目。

有一位老师对自己的学生说："学生们，我将会在四个月之后离开这所学校。"听了这句话后，所有的学生都陷入了悲伤之中，因为老师平常对他们特别好，现在他就要离开了他们都不知道该如何是好。

这些学生们内心非常不安，于是他们每天都跟着老师，而且非常认真地学习。但是只有张朝玲没有这样做，她决定自己努力学习，将所有的精力都花在学习上，然后等到老师离开的时候给他展示一个优秀的自己。她将自己的想法讲给了其他的学生听，他们都无法理解，这些学生认为她不够爱戴老师，于是推搡着她去见老师。

其中一个学生对老师说："赵老师，我们认为张朝玲对您没有尊敬之意，所有的学生知道您要离开这所学校的时候都想在最后的这段时间里多陪陪您，但是唯独只有她却打算躲开这些事情，她的这种做法实在是太过分了。"接下来其他的学生也开始控诉张朝玲。

但是张朝玲却面无愧色地解释道:"老师,我并不是不尊重您,只不过我认为,我应当在您离开的时候展现一个优秀的我,以此来报答您这两年对我们的教育之恩。"

老师对张朝玲的解释非常满意,他说:"张朝玲其实你想得很对,我希望每个学生都能够像你一样,尽力去学习知识。比起那些整天为我献花、整天陪伴我的学生来说,我更欣赏你的做法。那些不学习而是整天忙于陪伴我的学生并不是真正尊敬我。我明白,像你这样的学生才是真正尊敬我。"

其实,不管是在老师面前,还是不在老师的面前,一个真正喜欢学习的人都应该严格要求自己,以求得精进。个人对知识的学习不是为了老师而学习的,而是为了提高自己的知识而学习。所以上面的那位老师也讲到那些整天陪伴他的学生并不是真正尊敬他的学生,至少是不懂得他的学生。

在学习知识的过程中,是否真心诚意也只有自己知道,自欺欺人是不可能学到文化知识的。

> 心不妄念,身不妄动,口不妄言,君子所以存诚。内不欺己,外不欺人,上不欺天,君子所以慎独。
> ——弘一法师

## ◎ 金钱乃身外之物

金钱、声名、名利这些被人们追求的东西永远不会得到满足,这些东西也是让人陷入地狱苦海的工具,所以人们不应该执着于此,我们应该尽量摆脱这些东西的束缚,只有这样自己的身心才能够获得自在。

有一次,弘一法师来到了宁波居住在七塔寺,当时夏丏尊听到他到来的消息之后，就去探望他。

当时在七塔寺水堂中居住着很多云游而来的僧人，大约有四五十个。他们的居室非常简陋，床铺都是上下层，弘一法师就居住在一个下铺上。

弘一法师对夏丏尊说："我到宁波已经三天了，前两天都是在一个小旅馆里居住。"

夏丏尊说："小旅馆的条件很差吗？"

弘一法师回答说："很不错，臭虫也不多，主人也对我非常客气。"

夏丏尊随即邀请弘一法师到上虞白马湖居住几日，法师的行李非常简单，所有的铺盖都是用草席包起来的，等到了白马湖打开铺盖往床上一铺，然后摊开被子，用换洗的衣服作为枕头，这样就可以住下来了。收拾好这些之后，弘一法师拿起一个很是破旧的毛巾到湖边去洗脸。

夏丏尊说："法师你的毛巾也太旧了，我帮你换条新的吧。"

弘一法师却说："不用，不用，我这条挺好的还能用，和新的差不多。"

通过这个小故事我们就可以看出弘一法师的做人本色，他对吃穿要求非常少，很容易得到满足，所以他出家之后过得自由自在。

我们再来看一个故事。

很久以前，苏州城里有一个叫做王泽全的小孩，在他9岁的时候突然得了一场怪病，经常吐血不止，家里人想了很多办法，都无法治好。王泽全是个聪明伶俐的孩子，亲戚朋友都很喜欢他，他们时不时送来一些药物和财物，希望他的病情能够好转，但是小王泽全的病情一直不见起色。

王泽全的祖母对此非常伤心，后来她听从了一个老和尚的建议，开始极力买来生灵然后放生，结果没有几年王泽全的病竟然痊愈了。

人们对于财物应该看淡一些，这样自己才能够心宽，身体自然就好了。钱是身外之物。

　　金钱对于所有人的生活都非常重要，每个人努力赚钱就是为了让自己的生活过得更好。但是金钱不是万能的，人更不能做金钱的奴隶。要知道金钱并不是生活的全部，生活中还有更重要的东西。

　　很久以前，在普陀山下有一个人以打柴为生。这个人每天早出晚归、风餐露宿，但就是这样努力也时常揭不开锅，全家人都要饿肚子。他的老婆每天都要念佛，期望佛祖能够让他们全家人脱离苦海。

　　樵夫老婆的诚心感动了佛祖，他们的好运真的降临了，有一天他们在一棵大树底下挖出了一个金罗汉，一夜之间他们成为了有钱人。于是他们置办了很多土地和房屋，请来亲朋好友吃饭，场面非常热闹。而很多人就像从地底下冒出来的一样，纷纷前来祝贺他。

　　按照常理樵夫应该非常开心，因为他终于成了有钱人，他可以享受荣华富贵了。但是他高兴了一段时间之后就开始犯愁，每天吃不香、睡不着。老婆看到他这种情况之后，就说："现在我们不愁吃、不愁穿，你每天还在忧愁什么？就算是来了小偷，一时半会儿也偷不完我们的财物，你真是一个丧气鬼，天生受穷的命。"

　　樵夫听了之后非常不耐烦，他说："你个妇道人家懂什么？我忧愁的是十八罗汉现在才得到了一个，还有十七个埋在什么地方我还不知道呢！这样我怎么可以安心？"说完之后整个人居然瘫坐在了床上。结果这个樵夫整天忧愁，最终郁郁而终也没有享受到什么荣华富贵。

　　其实，这个拥有财富的樵夫，虽然他现在有钱了，但在精神上他还是一个穷人。

　　贪婪不是遗传而来，这些都是后天环境造就的。一个人无论是自私还是大

> 以冰霜之操自励，则品日清高；以穹窿之量容人，则德日广大；以切磋之谊取友，则学问日精；以慎重之行利生，则道风日远。
>
> ——弘一法师

度都是正常行为，但是在生活中一定不能养成贪婪的习惯，越加不满足，就越容易失去。

我们应该明白这样一个道理，金钱并不是唯一让人满足的东西，在现实生活中，过分依赖金钱和物质，就会让人变得懒惰，而且会改变一个人的性情。过分贪婪钱财的人会被金钱所迷惑，甚至会为金钱而痛苦。他们一旦失去了金钱，就会像鱼儿失去水源一样无法生存。

金钱并不一定让人得到满足感和幸福感。人生的美好并不是金钱能够衡量的。其实，金钱只要够用，能够满足生活的必需就可以了，不要因为金钱而迷失了自己的心灵。

面对金钱我们应该拿得起、放得下。赚钱是为了更好地活着，但是活着绝对不是为了赚钱。如果有人将赚钱作为生活的目的和宗旨，那么这个人就是一个可怜虫，他被金钱所捆绑，成为了金钱的奴隶，这种人终究会被生活所遗弃。

# 第八课
# 聪明者戒太察，刚强者戒太暴

◎ 控制好自己的情绪

曾经有一位女士在一个小雨天搭乘着朋友的车回家，在他们经过一个十字路口的时候，突然一个车子冒了出来，对方居然从安全岛对面的车道急速大转弯，看对方的样子好像是要挤进这位女士的车道里来。

很明显这辆车严重违反交通规则，行为非常危险，这位女士的朋友立马刹车才没有酿成车祸。

这位女士和朋友都很生气，这位朋友本来想骂人的，但是看这位女士在场才没有恶语相向，只是摇下车窗瞪着那辆车的司机，看对方准备怎么办。

对面那辆车的司机也知道自己做错了事情，然后赶紧道歉说："对不起，对不起。"他说话的表情很奇怪，好像很得意的样子，随即他又说："我刚才已经道歉了哦。"

这位女士和朋友听完之后非常生气，索性将车子开到对方的前面，然后下车来堵住对方不让走。那个司机此时也感觉事情不对，不敢下车，只是在车上不断说："我已经道歉了啊，我已经道歉了啊。"

最后，直到交警来才算解决了这件事情。

故事中的那位司机的道歉方式就是最差的道歉，虽然他说过了"对不起"，但是他的表达方式听起来更像是挑衅。其实这位司机虽然知道自己的行为已经犯了错，但是他本身还不愿意接受这个错误，所以他的道歉听起来有些古里古怪。

弘一法师其实已经告诉过我们，聪明的人总是能够戒太察。聪明虽然是人的优点，明察也不是什么错误，但是法师认为就算是明察也不要太过于苛责，对别人的苛责应该有所限度。要知道在这个世界上不存在完美无瑕的人。世界上的人有很多种，所以对待不同的人不能一概而论，在面对一些没有礼貌的人时如果自己也无法控制情绪，那么只能让事情变得更糟。

其实世界上的人都是平等的，我们更应该多一些包容和忍耐，做任何事情不要太过于苛刻，如果太过于明察的话，只能让自己活得不愉快，不仅如此还会激发别人的逆反意识，事情到最后就无法解决了。碰到事情的时候，更应该换位思考一下，设身处地地为他人着想。

古人有云，水至清则无鱼，人至察则无徒。讲的就是这个道理。

我们在这个世界上生存，切忌表现得过于极端，要不然就会让人感觉有点刻薄多疑、咄咄逼人。而弘一法师所讲的"聪明者戒太察"，其实就是一种淳朴的表现，其中蕴含着高深的智慧和仁心。

弘一法师还讲道"刚强者戒太暴"，也就是说，秉性刚强的人一定不要过于粗暴。

刚强者如果不能把握好分寸，就会让人感觉偏激而又固执，如果任其发展下去，就会变得暴躁。一旦变成暴躁之人以后处理事情上就容易伤害别人，自然也会给自己带来灭顶之灾。当然对于那些性格粗暴的人，很多人都会退避三舍，这样的人自然不会得到别人的拥护和爱戴。

我们该如何掌控自己的情绪呢？弘一法师的讲解和《论语》中讲到的如出一辙。孔子曾经借助玉来表示君子的操行，他认为玉虽然有棱角，但是不会伤害到其他物品，这就是在说君子虽然很刚直，但是他们不会伤害别人，不会因为鲁莽而让事情变得更糟。

人们在生活和工作中应该尽量避免拥有粗暴习气，

> 聪明者戒太察，
> 刚强者戒太暴。
> ——弘一法师

节制自己极端的性格，这样才不会在无意中伤害到别人。

人们在激动的时候很难克制自己的行为，不管是防卫心理还是攻击行为都会变强，就像一只刺猬一样，这样下去自然正常的沟通就无法进行下去了。

所以从自身和他人双方面的利益出发，我们都应该克制自己的情绪，不要让自己成为一个野蛮人。

而与人为善其实就是克制自己的情绪，懂得在不同情况下控制自己的情绪，调节自己的情绪，让自己的情绪犹如春去秋来、日出日落一样正常。

## ◎ 聪明者不自作聪明

生活中有些人总是喜欢自作聪明，要知道那些真正聪明的人总是很低调，因为他们知道自作聪明只不过是哗众取宠的行为，真正的聪明人不会因为虚荣心而表现自己，在任何时候他们都懂得如何控制自己。

弘一法师总是在谦虚和自检中度过。他就不断给自己说："真正修行的人总是如痴如醉的。我们现在和古代的大德之人无法相比，和那些先贤也不能比较，我们更应该好好审视自己的行为。"

很多大师总是用故事的形式来点化自己的徒弟做事不要自作聪明。下面这个故事他们经常会讲到。

曾经有两个私塾相隔不远，所以每次一个私塾中的人出来的时候，另一个私塾的人就想和他们争论。

有一天早上，一个私塾里的一个学生出去办事，在经过另一个私塾门口时，看私塾的几个学生拦住了他，问他道："你要到什么地方去？"

小学生说："脚到哪里，我就到哪里！"

这家私塾的学生无话可说，只能甘拜下风，回去请教自己的老师去了。

老师告诉他："明天你继续到大门口，如果看到他，他如果还这样回答，你就说：'如果没有脚的话，你该去什么地方？'这样一来他就不知道如何回答了。"

第二天一早，昨天败下阵来的学生早早在私塾门口等待昨天的那个小学生，过了一会儿那个小学生果然来了，这个学生非常开心地拦住他问："你要到什么地方去？"

不想，小学生变换了回答的方式，他说："风走到哪里，我就到哪里！"

问话的学生再一次不知如何回答，小学生不管这个学生，扬长而去。这个学生非常沮丧，他又回来请教自己的老师。他的老师听了他的描述之后，非常不开心，他说："你真的是太笨了，你为什么就不能问他：'如果没有了风，你该去什么地方？'这样一来，他肯定就回答不出了。"说完之后老师还有些不放心，又说："如果下次他再编造出来什么'水到哪里，我就到哪里'或者其他什么的话，你就照样说，'如果没有了水，你该去什么地方。'"

听了老师的话后，这个学生非常高兴，自认为可以对付小学生了，于是非常高兴地等待着第二天。

第三天天一亮，学生就到门口等待着小学生，他又像以前一样问小学生说："你到什么地方去？"

小学生连续两天被他缠绕，有些烦躁了，于是就说："我要去菜市场帮师娘买菜。"

这个学生本来准备了很多问题想要来刁难这个小学生，谁想对方的答案是这样，一时间学生又不知道该如何回答了。

其实真正拥有智慧的人根本不会在没有任何意义的事情上纠缠，人应该多花一些时间修行自己、提高自己，这样自己的生命才会更有意义，这样自己获得的知识和智慧才真正有用。

> 学一分退让，讨一分便宜，增一分享用，减一分福泽。
> ——弘一法师

# 第九课
# 识不足才多虑，威不足才多怒

## ◎ 改变有缺陷的人生

只有处于逆境之中才能够真正考验一个人。人们都渴望一帆风顺的生活，但是这样也未免太过于单调了，只有遭遇了黑夜，我们才更渴望光明，我们才会更加珍惜现在的生活。

曾经有一个年轻人，在一次偶然的机会遇到了自己的老师，老师对这个年轻人很关心，询问他的近况。年轻人将自己毕业之后到工作中的所有逆境和不顺利的事情都讲了出来。

老师非常耐心地听完了这个年轻人的抱怨，等到年轻人告一段落的时候，点点头说："看来你的近况一点都不理想，但是你有没有想过努力改变这种境况，然后让自己过得更好一些呢？"

年轻人慌忙说："我自然希望过得更好啊老师。但是您有什么诀窍吗？"老师非常神秘地说："你想要诀窍，我这里倒是有一些，如果你晚上有空的话，请按这个地址来找我。"说完之后递上了自己的名片。

这天晚上，这个年轻人来到了老师的住处，那是一个市郊简陋的平房，老师看到年轻人到来非常高兴地搬出两张凉椅到屋外，然后和年轻人一起聊了起来。

老师扯东道西地和年轻人讲了很多,这个时候年轻人着急起来,着急地想要知道老师到底有什么诀窍能够让自己过得更好一些。

　　老师微微一笑指着天上的星星说:"你知道天上有多少颗星星吗?"年轻人抓了抓头皮说:"天上的星星那么多,我还真不知道有多少颗。"接着又说:"可是这和我有什么关系呢?"老师这个时候语重心长地说:"孩子,在白天我们能看到的最远的地方应该就是太阳;但是到了晚上我们却可以看到数之不尽的星星。我知道你现在的情况不是很好,但如果年轻的时候一帆风顺,当你的人生进入到黑夜时,你还能够看到更远、更多的星星吗?"年轻人这次明白了老师话中的含义。

　　其实,在人的一生中,就算是不幸也是一种机遇。别林斯基说:"不幸是一所最好的大学。"自知者明,自强者胜,自强者可以征服山,就是跋山涉水也在所不惜;弱者就算是面对一张薄纸也不能伸出手指将其戳破。每个人的生活和工作中都会遇到挫折,强大者在面对挫折的时候会淡然一笑,然后努力战胜挫折;而弱者则把挫折当作一座大山,惧怕于它,只会闭上双目等待着糟糕的结局。我们应该调整好心态,将不幸当作一种机遇,这样就可以战胜不幸了。

　　让·克雷蒂安是加拿大连续两届的总理,要知道就是这样一个杰出的人小时候却有口吃,而且曾因疾病导致左脸局部麻痹,嘴角畸形,讲话的时候嘴角总是会向一边歪斜,而且他的一只耳朵也有些失聪。

　　让·克雷蒂安在小时候听到一个医生说,嘴里含一颗石头可以矫正口吃,于是让·克雷蒂安整天在嘴里含着一颗石头,就这样他的舌头和嘴巴都被石头磨烂了。母亲看后非常心疼,她抱着自己的儿子说:"克雷蒂安,我们不练了,妈妈会一辈子照顾你。"但是让·克雷蒂安一边帮助妈妈擦干眼泪,一边坚强地说:"妈妈,我听说所有漂亮

> 安莫安于知足,危莫危于多言。
> ——弘一法师

的蝴蝶都经过了一个漫长的冲破束缚的过程，我现在就是要努力练习说话，我将会成为一只漂亮的蝴蝶。"

果然，功夫不负有心人，在经过了一段时间的磨炼之后，让·克雷蒂安终于能够正常讲话了。不仅如此，他从小就是一个勤奋并且善良的孩子，中学毕业的时候取得了优异的成绩，而且还拥有了非常好的人缘。

1993年10月，让·克雷蒂安参加了加拿大全国总理大选，当时他的对手大力攻击和嘲笑他脸部的缺陷，曾经有极为不道德的人攻击他说："像他这样的一个残疾人怎么可能成为总理！"但是他们的这种行为更是激起了大部分选民的愤怒和谴责，而让·克雷蒂安的成长经历更是得到了更多选民的尊敬。在竞选演讲的时候，让·克雷蒂安说："我将带领我的国家和我的人民成为美丽的蝴蝶。"最后他以非常高的票数当选了加拿大的总理，并且在四年之后的1997年连任成功，很多加拿大人民亲切地称他为"蝴蝶总理"。

当我们遭遇困难和不幸的时候，不应该畏缩不前，更不应该轻言放弃，而应该抓住机遇，努力发挥自己的能力改变现实情况。

## ◎ 避免无谓的争斗

不要将生命的大部分时间放在争执对错上，我们要懂得顾全大局，尤其是要照顾身边的人。很多时候如果自己过于坚持，很有可能失去理性、时间甚至自由，这将是无比糟糕的事情。因为生命的意义不仅在于输赢和对错。

很久以前，有一个小孩子来到山下的河边挑水，这个时候一个人走过来问他说："小孩子，我可以问你一个问题吗？"

小孩子说："当然可以。"

那个人问道："你知道一年之中有几个季吗?"

小孩子并没有想到这个人是在问一个高深的问题，于是随口说："这谁不知道，当然是四季了。"

那个人说："你说得不对，应该是三季。"

小孩子反驳道："谁都知道，一年之中有春、夏、秋、冬四个季节，每一个季节有三个月。既然你说有三个季，那么这三个季是什么呢?"

那个人非常武断地说："三季分别是早季、中季和晚季，一季分别是四个月。"

于是两个人就这个问题争论了起来，双方都各执一词不肯罢休。

那个人和小孩子争论得脸红脖子粗，后来那个人提议说："这样吧，我们现在去找前面村子里的智者，问问他一年之中到底是三季还是四季。如果我输了我给你磕三个头，如果你输了你给我磕三个头。怎么样?"

小孩子也不甘示弱，非常自信地说："好，我们现在就走。"

于是他们推推搡搡来到了智者面前，当他们说明来意之后，智者看了看两人之后，笑了笑说："这位先生是正确的，一年应该是三季。"

小孩子非常奇怪，用怀疑的眼光看着智者。智者对小孩子说："既然你和这位先生事前有约，那么就给对方磕三个头，然后让这位先生回家去吧。"

小孩子只能给那个人磕了三个头，然后那个人得意地回去了。

小孩子非常不解地问智者说："智者，一年明明是四季，为什么你们都说是三季呢?"

智者说："他既然来问这么简单的问题，那么这个人肯定就不是简单的人，你看他那个样子，如果我说是四季的话，他肯会回去吗?"

小孩子回家之后感觉非常生气，于是他想一个人出去走走，他索性收拾了一些东西去城里边

> 以恕己之心恕人，则全交。以责人之心责己，则寡讨。
> ——弘一法师

了。

孩子的父母找到了智者给他说了这个情况，智者说："没关系，让他去吧，过几天他想明白了就会自己回来的。"

下山后的小孩子在闹市看到两个人在打架，其中有一个人就是曾经问他一年有几季的人，两人打完之后都伤得不轻，小孩子就问旁边的人，他们为什么要打架？旁人都说他们两人因为一年有几个季的问题在争论，争论着就打起来了。

小孩子听完之后默默离开了那里，他决定回家了，并且还准备跟随那位智者学习，他想，还是这位智者高明，要不然自己也会和那个人打起来。和这种人较量，就算是打赢了，其实也是输了。

其实对于一些无谓的争辩，就算是你最终赢得了争辩，还是输了。真正的智者能够避免无谓的争夺，能够合理保全自己，这一点让他们过得很快乐。

世界上很多争斗，无论是大的还是小的，很多时候都是因为"自以为是而以人为非"引起的。那么争夺的结果又如何呢？最终还不是导致了自己的心情不爽、和他人的关系紧张。聪明的人不会因为无谓的斗争而伤害自己，懂得了这一点才能获得真正的快乐。

# 第十课
# 自责之外，无胜人之术；
# 自强之外，无上人之术

## ◎ 不断反省自己的错误

人们应该正确面对自己的缺点，不要隐瞒和遮掩，只有这样才能够及时改进，让自己得到长进。历史上有很多人都能够正确面对自己的缺点，而战国时期的邹忌就是其中的典范。

战国时期的邹忌是齐国有名的美男子，他身高八尺，长得风度翩翩。让人羡慕的是，他不仅外形英俊，而且还拥有能够治国安邦的学识，他当时是齐国的国相，辅佐齐威王治理国家。

有一天早上，邹忌穿戴整齐准备出门，这个时候正好妻子从身边走过，他就拦住妻子说："我听说城北的徐公非常英俊，那么我和徐公谁英俊呢？"妻子看了看说："当然是你英俊啊，徐公怎么能够比得上你呢？"原来齐国国都邯郸的北部还住着一个徐公，也是出名的英俊之人，很多齐国的人都喜欢将邹忌和徐公做对比，认为两人是齐国的骄傲。邹忌认为妻子的话不可信，他于是转头问一旁的小妾说："你认为我和徐公谁更英俊一些？"小妾嫣然一笑，然后说："城北的徐公怎么可以和你比呢？"

第二天，有一个客人从远方而来拜访邹忌，他们两人聊着聊着，邹忌就问客

> 唐荆川云：须要刻刻检点自家病病，盖所恶于人许多病痛处，若真知反己，则色色有之也。
>
> ——弘一法师

人说："你认为我和城北的徐公谁更英俊一些？"客人哈哈大笑说："当然是你更英俊一些啊。"

过了几天，城北的徐公有事来找邹忌，邹忌仔细端详了徐公之后，自认为自己没有对方英俊。晚上邹忌在床上反复思考这件事情，后来他终于得出结论："妻子之所以赞美我，是因为偏爱我；小妾之所以赞美我，是因为怕我；而客人之所以赞美我，是因为有求于我。而我居然相信了他们的话，而真的相信我比徐公要英俊，真的是不应该啊。"

邹忌很快意识到自己有喜欢听赞美而忽略了现实情况的毛病，当即他想到了有同样毛病的齐威王，于是后来就有了著名的"邹忌讽齐王纳谏"的故事。

当时，邹忌贵为国相都能够清醒地认识到自己的错误，并且积极反省自己，这实在是让人佩服。其实大道理所有人都懂，但是在现实生活中，人们还是习惯将眼睛盯在别人身上，尤其是特别喜欢看别人的缺点，而对自己的错误总是缺少检讨，总是认为自己比别人强。直到有一天，因为各种原因而得以发现自己的缺点，这才会低下头来，不会对对方指指点点。

## ◎ 勇敢者能够回头自省

脚下的路需要我们勇往直前地走下去，但是走了一段时间之后还需要回头看一看。在回头看的时候，我们可以看到自己成长的脚印、能够看到自己走过的冤枉路，也会在回头中看到我们一直在寻找的东西。人生的路上，勇敢者应该懂得不断回头反省自己。

很多人都有妄想的毛病，一旦陷入妄想之中，就会变得胡思乱想。而妄想的人总是忘记反省自己，他们看不到自己的毛病，总是认为自己是对的，其实在我们的生活中不妨放慢脚步，少一些妄想，多一些反省，回头看看自己曾经走过的路，在这些路中汲取教训，远比妄想要实在得多。

一个勇于反省自己的人，还会以一颗真诚的心对待别人，我们来看一个故事。

曾经有一位饥饿难耐的官员和一个同样饥肠辘辘的高僧一起用餐，这个时候侍者端来了两碗面，其中一碗比另一碗要多一些。这位官员为了表示谦让，就将多的一碗面推到了高僧的面前。

谁知高僧毫不客气地端起面条狼吞虎咽地吃了起来，吃完之后看到官员又将少的一碗也推到了自己的面前，并且说："大师如果还没有吃饱的话，就将这一碗也吃了吧。"等官员说完之后，高僧就端起另一碗也吃了起来。

看着这位高僧将两碗面全部都吃完了，官员终于忍不住了，他大骂道："你算什么高僧，连起码的礼貌都没有，你真的是浪得虚名。我知道你很饿，但是我也很饿啊，你们出家人不是讲究慈悲为怀吗？现在你都吃了两碗面了还怎么'普度'我这个'众生'？"

高僧则慢慢地说："刚开始你将大碗面推到我面前的时候，其实我也想吃大碗的，如果我再推给你那就是违背我的心意，那么我为什么要这样做呢？之后你又将小碗的面推给我，当时我还想吃小碗的面，如果我再推给你，同样是违背了我的心意，我的两次不推脱都是表达了我的真心，施主的两次谦让难道都不是表达真心吗？"

听了高僧的话之后，官员茅塞顿开，方才理解了高僧的做法。

> 临事须替别人想，论人先将自己想。
> ——弘一法师

其实过于谦让反而成了虚假的表现，如果一个人压制了自己的真心去做事情，虽然表面上会得到一些赞美，但是最终会违背了自己的意愿。关于这些我们都应该在不断反省中看到，不断改进、不断提高自己。

## 第四讲　敦品

　　人以品为重,而品德则由人们的行为支撑。以诚信、道德来约束自己,然后再去实践,那么我们就会得到世人的尊敬。在我们的生活中会遇到太多、太多的事情,也会遇到各种预料之外的情况,我们切记要以高贵的品德去应对。

# 第一课
## 敦诗书，尚气节，慎取与，谨威仪

◎ 沽名钓誉损人不利己

曾经有一个关于张老头的女儿小张妞的故事。

在一个小村庄里，张老头有一个好邻居付老头，他们之间的关系非常好，之所以感情如此好，是因为它们曾经一起读书学习，后来各自娶妻生子。后来，张老头有了一个女儿就是小张妞，而付老头则有一个儿子，两人的年龄相仿，等到婚嫁年龄的时候，两家就希望可以联姻。

后来付老头的儿子娶了小张妞，小张妞也搬到了婆家住了下来。

但是小张妞和婆家的人闹出了矛盾，因为她慢慢发现付老头一家人并不是很喜欢学习，他们经常在家里找来很多人赌博，打麻将，而不是将这些时间花在读书上，而且小张妞的婆婆连一个字都不认识。小张妞越来越不愿意，终于和婆家爆发了矛盾。婆婆也对小张妞非常不满意，不过小张妞并不在乎这些，她只是不断告诉他们读书的好处，并且希望他们能多买一些书来看，后来付老头答应了小张妞的要求。

小张妞特地让工匠做了一套书架，并且让丈夫从城里带来了很多的书籍，然后每到晚上全家人就开始读书，而不再打麻将了。

后来付老头一家人的行为被人们传了开来，很多学识渊博的人都愿意来他们家里，然后和他们一家人聊天，讲论知识。

而就在一些人来到付老头家的时候，张老头也来了，原来张老头也想让这些有知识的人到自己的家中讲论知识。但是这些人却笑着说："张老先生啊，我现在已经在您女婿的家中了。"

> 惜名者，静而休；
> 市名者，躁而拙。
> ——弘一法师

其实，张老头对这件事情感觉非常奇怪，因为他知道付老头一家人不怎么喜欢读书，虽然付老头曾经和自己一起学习过。

这些知识渊博的人看穿了张老头的心思，然后对他说："不错，以前您女婿一家人不怎么喜欢学习，但是在您女儿的影响下，他们开始喜欢读书，而且非常认真地读书，所以远近一些人都听说了他们的故事，都愿意来他们家中，和他们聊聊天。"

而小张妞的故事很快在附近传开来了，她也逐渐成为了远近闻名有学问的人。其实一个人如想得到别人的尊敬，并不需要自己到处吹嘘或者宣扬，只要像小张妞一样做好每一件事情，尽心尽力地去做事情就可以将自己的美名传播开来。

美誉并非是自己强求来的，如果执着于追求好名声，反而会违背自己的良心而做事，就会丧失内心原本的纯真和清净。

我们再来看一个故事。

有一位大善人因为自己的善心而得到了人们的尊重，而他的一颗善良的心更是影响到了很多人。

有一天，这位大善人准备了五十辆马车的食物和物品准备去帮助受到水灾侵害的人，此行他还带了三十个随从，以随时调遣。他和他的随从浩浩荡荡地从家里出发了。但是他们的行程非常慢，足足走了一个月时间才到发生水灾的地方。来到这个地方之后，这个大善人先是带着几个随从去考察情况去了。

大善人在帮助受灾的百姓这段时间里非常辛苦，但是值得称奇的是他带来的食物好像用不完，后来他才知道，原来每天都有其他的好心人将自己的食物和物品增补到他的食物和物品中来。

过了一段时间之后大善人准备带领着自己的随从离开了，他准备将剩下的物品留下来，得知这件事情之后，这个地方的百姓居然在他的空车子上装满了很多当地盛产的、没有受到水灾影响的果实，来感谢这位大善人。而这个大善人在其他地方将这些果实卖掉之后获得了很多钱财。

后来有人听到了这个故事之后，感觉非常奇怪，于是四处打听说："大善人是因为做了这次善事才得到这些果实的吗？如果其他情况下他肯定得不到这么多的财富吧？"

后来这个人才明白过来，其实大善人有着一颗充满着信念的心，他非常慷慨，乐于去帮助别人，就算是这一次他没有帮助这些灾民，但是他之后还会去帮助别人，他的美名终究会传播开来。

**做人只要心境清净、心地善良，那么到什么地方都会得到别人的尊敬。**

弘一法师对此很认可，他一直认为凡是爱惜名声的人，都应该与人无争，在安详和宁静中获得清净、自在的境界。世界上那些沽名钓誉的人，他们往往一心追求名利，他们的内心实际上浮躁不安，做事情自然就会患得患失。其实人一生中修来的福分并不是通过妄想就可以得到的。越是希望得到的，越不能得到，而且还会在追求的过程中损害自身。

**做到了内心淡定无所求，要比虚无的名声重要得多。**

## ◎ 做人要有一身正气

弘一法师认为用和气的态度去对人就可以平息暴戾、用正直去接物就可以消除奸邪、用浩然正气去处理事情则可以消释多疑和恐惧，一旦能够平静下来就可以睡眠安稳。在这里我们重点看"以浩气临事，则疑畏释"。这句话其实就是在告诉我们，只要我们拥有浩然正气，哪怕面对别人的误解也不怕，因为他们迟早会理解你的用心。弘一法师不断告诫自己的弟子：不要担心被别人误解，只要你做的事情是对的，时间久了人们自然会理解你，懂得你的良苦用心。

我们来看看唐代徐有功的故事，他就是一个处世敢于仗义执言、浩气一身的人。

徐有功为人宽厚，总是不忍心惩罚别人，他在担任蒲州司法参军时，深得当地百信的爱戴。百姓和军吏都相互约定，就算是受了徐有功的杖责也不要放在心上，更不能暗中骂他。

不久，徐有功累迁至司刑丞。

当时武则天刚刚登基称帝，改国号为周，武则天担心唐朝的一些大臣密谋杀害自己，于是让周兴、来俊臣、丘神彰、王弘义等酷吏调查，这些人飞扬跋扈、诬陷无辜、滥用酷刑，气焰甚是了得。当时这些酷吏听到一些风吹草动就会拟定罪名，一时间官吏之间相互揭发、相互诋毁，武则天则是以升官和奖赏作为鼓励，所以他们就更加肆无忌惮了。

当时唯独徐有功不怕武则天，多次触犯武则天并与她争论，武则天越是严厉，徐有功就越是正义凛然。

当时博州刺史琅琊王李冲派家奴去贵乡监督息钱的征收，他们早就和县尉颜庆豫打过招呼，所以李冲的家奴们在回行的时候，带着弓箭从闹市中穿行而过。

时隔不久，李冲跟随父亲越王李贞起兵反周，兵败被诛，贬姓为虺。于是魏州人上告颜庆豫参与了李冲的谋反。负责这件事情的官员认为颜庆豫赶上了永昌（689年）特赦，最多判个流放。但是侍御史魏元忠认为颜庆豫是合谋，所以不应该特赦，而应该抄了他全家，武则天下旨同意了他的建议。

当时徐有功说："永昌赦令说'与李贞一同做恶事的人，魁首已经伏诛，支党中未被揭发的减刑'。我想'已经伏诛'这句话不是已经说明了魁首已经全部被杀，没有漏网的吗？而颜庆豫是在赦令下达之后被揭发出来的，这个应该算是支党了吧。现在你们却要将支党作为魁首，将放生的人又拉回来再治罪一次，我不知道朝廷到底要做什么？"

这还不是一次，凡是被武则天下诏打入大理寺的人，徐有功都会挺身而出，仗义执言，前前后后总共有百十余人在徐有功的帮助下得到了宽恕。

但是徐有功的仗义执言和酷吏们的直接利益相冲。徐用功在担任秋官郎中期间，有一次，凤阁侍郎任知古、冬官尚书裴行本等七人遭奸人诬陷被判死刑，武则天对大臣们说："古人以杀止杀，我今天以恩止杀，想通过诸公放任知古等一条生路，以让他们得以重新，不知你们意下如何？"听完武则天的话后，来俊臣和张知默等人极力反对，一定要依法处置，他们还将裴行本等人带来再次核减他们的罪过。徐有功上前奏道："来俊臣违背明主的再生之赐，亏损圣人的恩信之道。"最终武则天还是赦免了他们七个人，而来俊臣等酷吏对徐有功恨之入骨。

还有一次，徐有功劝谏武则天免除一个大臣的死刑，但是没有成功。于是秋官侍郎乘机弹劾他故意要放出反囚，并且附上了他们罗织的所谓的"罪行"，最终武则天虽然没有处死徐有功，但还是免除了他的官职。

但是没过多久，武则天还是任命徐有功为左肃政台侍御史。而徐有功却推脱道："我听说鹿本来可以在山林中自由奔跑，但是到了厨房里就要全部听从厨师的了，形势本就是这样。陛下让

> 喜闻人过，不若喜闻己过。乐道己善，何如乐道人善？
> 
> ——弘一法师

我做官，我肯定会秉公执法，但是这样肯定会因为种种原因最终被处死。"武则天不听从，执意给他赐予了官职，并且专门褒奖了他。当时百姓们听说徐有功重新做了官，都非常高兴纷纷前来祝贺，徐有功就劝谏武则天将赦令放宽一些，而他的意见也被武则天采纳了。

可是，不久之后徐有功又因为事情而牵连其中。当时润州刺史窦孝谌的妻子庞氏被家奴诬告，说她在夜间大搞妖祟，于是给事中薛季昶判了庞氏死罪。而庞氏之子窦希瑊上诉喊冤，徐有功在了解了案情之后，决定对这个案件进行改判，薛季昶就弹劾徐有功与恶逆为党，应该判处弃市之罪。徐有功知道这件事情之后说："难道我会死，而那些人永远就不会死吗？"武则天听后就问徐有功说："近来误放走了很多人是怎么回事？"徐有功说："误放，是臣的小过错；而好生，则是陛下的大德啊。"武则天听后默然不语，后来庞氏终于被免除了死刑，而徐有功也在此之后被免除了官职。

但是不久之后徐有功又一次被起用，他被任命为司刑少卿。皇甫文备在和他办案时诬告他私放逆党，但是不久皇甫文备因为其他的案子锒铛入狱，是徐有功救他出来。有人问徐有功说："那人曾经想要置你于死地，你却救了他，这是为什么？"徐有功回答说："你说的那都是私人之间的事情，而我现在放他出来是为了守法，我不能因为私人的恩怨而违背法令啊。"

后来，徐有功在担任司仆少卿期间病逝，享年68岁。武则天赐予他官司刑卿，等到中宗即位后他被加赠为越州都督，而唐武宗会昌年间又追谥徐有功为忠正公。

当时有很多人将徐有功和汉代的于定国、张释之相比。甚至有人认为他的仁义已经超过了这二人。张释之正当汉文帝时，那是国内外无事，在太平年间秉公守法要容易很多；而徐有功则处于唐周变乱的时节，酷吏周兴等人横行天下，他还能保持一身正气，就算是面临几次险境也没有放弃，他的这种行为当然要比张释之和于定国更加可贵。史学家称赞他说："徐有功不以唐、周贰其心，唯一于法，身蹈死以救人之死，故能处武后、酷吏之间，以恕自将，内挫虐焰，不使天下残于燎，可谓仁人也哉！"

其实对人、待事就应该像徐有功一样，始终要有一身正气，而且要敢于仗义执言，这样做事情不仅能够帮助别人，而且也让自己的内心能够得到安宁。虽说保全自身很重要，但是该站出来还是要站出来，不要为了自己一时的安逸而总是畏缩于人后，这样最终会受到良心的谴责。

# 第二课
# 以冰霜之操自励，则品日清高

## ◎ 从内心开始修炼优良品质

在古代的时候有一个残暴无比的大王，他不推行仁政，对百姓也是极力欺压，虽然大王身边的一些智者看到大王对百姓的残暴非常难过，但是他们又没有办法阻止这个暴君。于是在这些大臣的心中产生了这样的一个想法：难道这个世间就只有杀与被杀、征服与被征服、悲伤和快乐吗？大王难道就不可以通过正义和公正的方法来治理国家吗？

当一些大臣在一起探讨他们的这种想法的时候，正好被一位心术不正的大臣听到了，于是他心中产生了邪恶的念头，他想，这些大臣这么关心国家政治的问题，难道是想要谋权篡位吗？但是他又认为这些大臣的治理方法太过于软弱，根本无法治理百姓们的懒惰，这种做法非常不现实。如果他们真的想要谋权篡位，那么我就有机会了，我为什么不乘机撺掇他们，诱发他们的统治欲望？

于是，这个大臣找到了那些大臣，然后撺掇他们谋权篡位并且对他们说："如果你们拥有了统治权，那么你们就会变得快乐，而且你们所统治的人民也会变得快乐。到那个时候世界上不会有人被杀、国家和国家之间也会少了侵略、百姓们也不会悲哀，世界上将充满公正和正义。"

但是这些大臣非常冷静地问这个大臣说："我倒是想知道你这样鼓动我们到

> 以虚养心，以德养身，以仁养天下万物。以道德养天下万世。
>
> ——弘一法师

底是为了什么，这样做对你有什么好处？"这个大臣笑着回答说："你们现在有了更好的治理国家的方法，而现在的大王又太过于残暴，只有在你们的统治下这个世界上的人才会过得快乐，这个世界上才不会有悲哀和杀生。因为大家已经非常满足，你们就可以施行你们的公正和正义了，这难道不好吗？"

这些大臣还是摇摇头说："如果我们来治理这个国家，让这个国家变得很富裕，但是这对贪婪的人来说还远远不够。我们认为一个人活着应该充满正义，自己经历了痛苦，那么就不会沉迷于欲望之中了，这样他们就会善待其他人了。"

这些大臣的态度非常坚决，他们丝毫不听这个大臣的撺掇。后来在这些正直大臣们的劝说下，这位残暴的大王开始改变自己以往的行为，最终成为了人人敬仰的好大王。

其实，一个人能不能被诱惑所左右，并不是看诱惑的多与少，而是看这个人心中的道德是不是坚固，是不是可以用自己的品性德行筑起一道高墙，以阻止物欲的闯入，以杜绝心中魔怪的产生。

不过世界上有很多人都有不好的习性，那就是随大流，他们在做事情的时候很容易受到别人的影响，别人说向西的时候他就会向西，别人向东的时候他就会向东。很多人都是在别人的语言中不断摇摆，会丧失自己的主见。这种人的内在修养不足够，德行也不够深，自然就会像墙头草一样摇摆不定，这样很容易迷失自己。

关于这个问题，弘一法师曾经做过一段警示：一个人只有独具慧眼，做事情不随波逐流，才能够获得千古流传的美好品格。而想要拥有这种品格，经过一段锤炼很有必要。要想让自己的品行端正，还需要从内心开始修炼，做到存悟真理，坚定信念，切勿摇摆，谨守自身！

## ◎ 挫折面前也要保持坚定志向

在我们的生活中必然会遭受挫折和打击，这个时候我们不应该急躁，就算当时没有找到解决的办法，也应该始终坚定自己的志向。如果操之过急会造成身败名裂的下场。

远大的志向是指引一个人不断前进的导航器，只有在志向的指引下，人才能够充满斗志。但是现实生活中很多人都会因为遇到挫折或者打击而放弃自己的志向。这种做法虽然看起来是知难而退的"明智之举"，实际上却大错特错。弘一法师在遇到这种情况的时候，依旧选择了坚持努力，他以他的切身行为来指导我们。

在现实生活中遇到打击和挫折很正常，不仅仅是我们普通人，就算是成就斐然的大人物同样也会遇到打击和挫折，只不过他们在面对这些问题的时候选择了坚持，所以老天没有辜负他们，他们最终获得了成功。

孔子是我国著名的教育家，他在小时候就树立了救世为民的远大志向，他曾经担任过管理仓库的"委吏"和管理牧场牲畜的"乘田"，在当时这些都是非常卑微的职业，但是为了实现自己的志向，孔子在这些普通而又卑微的职位上仍旧做出了成绩，后来他终于得到了鲁国权臣季氏的赏识，从此踏入了上大夫阶层。

后来，鲁国的君王让孔子代行国相的职务，参与国政的治理。孔子参与国政治理3个月的时间里就让鲁国发生了很大的变化，商人们不再哄抬市价，百姓们也恪守法律，社会秩序非常稳定。在这段时间里，孔子还做了两件大事：第一是他在齐国和鲁国两国国君会盟的时候，借助自己的口才和智慧使强大的齐国归还了鲁国的土地；第二他下令拆除了鲁国三大权臣之中季氏和叔孙氏的城池，以此加强国君的权力。虽然孔子治理国家的时间非常短，但是他的"救世"思想得到了广泛的传播，而且效果非常明显。这其实就是孔子坚守自己志向的结果，如果他在担任卑微职务的时候就放弃了，那么后面的这些故事就不会发生。

此时的齐国看到了鲁国的发展变化，他担心强大起来的鲁国对自己不利，于是就给鲁国的国君贡献了很多美女和歌妓以此来扰乱视听。鲁国的国君果然迷失了自己，不再关心朝政，孔子看到这些之后，认为自己的思想无法在鲁国实行下去，于是就带着自己的学生以及救世的主张离开了鲁国，他希望得到其他诸侯的信任。

当时，各个诸侯国几乎都由权臣或大氏族执政，他们都担心国君任用孔子而限制了他们，所以极力加害于他。孔子到卫国的时候，就有人带着官兵来威胁和恐吓他和他的弟子；孔子到宋国的时候，宋国的一些权臣也派人来暗杀他；孔子到楚国的时候，虽然得到了楚昭王的赏识，并且得到了700里的封地，但是却被令尹子西反对，孔子遭受了多次围攻，差点因此而丢失了性命。

虽然在各国奔波的孔子遭受了很多挫折和打击，也受尽了磨难，但是他一直坚持自己的志向，从来都没有改变过。曾经有一次，孔子在陈国和蔡国之间遭受了两国大夫的攻击，当时他和弟子已经很久没有吃到食物，已经没有一点力气了，很多学生因为饥饿而倒下了。可就算是面对这样的困境，孔子依然弹瑟吟唱，毫无沮丧泄气的样子。学生们看到屡遭挫折的老师仍旧如此乐观自若，更加增添了敬佩之情，很多学生都说："我们的老师有这样高的志向，就算现在不被人所理解，但是他依旧坚持自己的志向，还在不断努力，这才是真正君子的做法啊。"

有些逃避到山林中隐居的人自认为看穿了世态炎凉就嘲笑孔子和他的救世思想。他们都认为孔子是在做无用功，他的努力只能让他一次次碰壁。有人还去劝说孔子的弟子不要再跟着孔子做傻事，不如和他们一样退隐山林，然后等着太平盛世的到来。孔子对此非常不屑，他说："我们不要在山林中和鸟兽为伍，如果我们处于太平

> 人当变故之来，只宜静守，不宜躁动。
> ——弘一法师

盛世，那么我们还要做什么呢？"

孔子在各国奔波的过程中经常寄人篱下，连一个落脚的地方也没有，处境非常艰难，等他到了齐国之后，齐景公准备给他赏赐田宅，但是孔子却拒绝不接受，他对学生说："齐景公并没有接受我的主张，现在赏赐给我田宅无非是可怜我，这种做法我怎么可能接受呢？"孔子一直将救世为民作为自己最高的志向，他的这种坚持一直没有改变过，他也不追求荣华富贵。

后来孔子离开齐国之后，时隔十四年又回到了自己的家乡鲁国，因为没有诸侯国愿意接受自己的主张，所以他决定回到家乡从事教育事业。孔子打破了当时只有贵族子弟可以读书的传统，他招收了很多平民学生，并且认真培养他们。后来孔子的一些学生得到了一些诸侯国的重用，他们贯彻了老师的思想，不断奋斗，其实这都是孔子的志向在起作用。

等到孔子离开人世之后的汉朝，儒士董仲舒继承并且改进了孔子的思想，从而得到了汉朝皇帝的认可，于是出现了"罢黜百家，独尊儒术"的局面。虽然孔子一生都没有实现自己的志向，但是他对志向的执着使得儒家思想得以发展和传承，从某种意义上来说，其实孔子已经实现了自己救世为民的志向。

一个人想要实现志向并不会一帆风顺，如果一遇到挫折就打退堂鼓，到最后肯定一事无成。只有确定了自己的志向，然后勇敢坚持下去，我们才会得到我们想要的结果，此时，之前的所有奋斗和努力都成了美好的记忆和宝贵的精神财富。很多时候，追求的过程和美丽的结果同样重要。

# 第三课
# 人以品为重，品以行为主

## ◎ 品德来源于真心实意

我们来看一个小沙弥和钟声的故事。

人们都知道在佛教的寺院里都是依靠钟声来发号施令的，其实除此之外，钟声还有其他的作用：在早晨，寺庙中的钟声是先急后缓的，这样做是为了警醒大众，黎明已经来了，长夜已经过去，不要再懒惰；而夜晚的钟声则是先缓后急，这也是为了警醒大众，应当注意在身体最懈怠的时候不要昏昧。

僧人们的作息都是根据钟声来的。

有一天，寺庙的禅师从禅定中醒过来，这个时候他听到了外边悠悠扬扬的钟声，禅师静下心一听，端详了一会儿之后顿时有所感悟。等到钟声停止的时候，他召唤来门外的侍者，他说："今天司钟的是哪一位僧人？"

侍者回答说："师父，今天司钟的是一位新来的小沙弥，他也是刚刚来寺中参学。"

于是，禅师把这个小沙弥叫到座前，问他说："小沙弥，你今天早上敲钟的时候在想什么？你是以怎样的心情来敲钟的？"

小沙弥摸了摸自己的光头，他想不明白师父为什么会这样问，只好照实回答说:"师父,当时我并没有什么特殊的心情啊。"

禅师还是继续问道:"不会啊,你敲钟的时候应该在想些什么,因为我认为今天的钟声格外清亮,只有那些心思沉静、诚心诚意的人才能够敲出如此动听的钟声。"

小沙弥想了想说:"师父,其实当时我真的没有刻意想什么,我只是想起了家师对我的一些教诲,他告诉我,在每次敲钟的时候一定要想到钟其实就是佛,对待敲钟就和礼佛一样,要真心诚意。"

禅师听后非常欣慰,他说:"小沙弥,你的修行很不错,希望你以后每天做事情都要有这样的司钟之心。"

小沙弥听从了师父的教诲,从此更加虔诚地礼佛,并且养成了做事情恭谨的心态。他做任何事情都不会妄念,并且一直记得禅师对他的开示,最终这位小沙弥成为了一代宗师。

故事中的这位禅师为什么能够专注于钟声呢?因为他认为从一个人敲出的钟声中能够听出一个人的品德,能够觉察出对方的禅心,俗谚有云:"有志没志,就看烧火扫地。"其实讲的就是这个道理。故事中的小沙弥虽然年纪小,但是他在敲钟这样的小事上都非常诚心,时刻保持着一种礼佛的心态,自然会在修行上有所作为。

如果我们每个人能够在平时做事的时候保持一种恭谨知礼的态度,那么自然会成就一番事业。

春秋时期的晏子是一个品德出众的人,他曾经担任齐国的宰相。晏子是一个聪慧异常、博见多闻、熟知礼仪的人,虽然他有

> 人以品为重,若有一点卑污之心,便非顶天立地汉子。品以行为主,若有一件愧怍之事,即非泰山北斗宏仪。见事贵乎理明,处事贵乎心公。于天理汲汲者,于人欲必淡;于私事耽耽者,于公务必疏;于虚文熠熠者,于本实必薄。
>
> ——弘一法师

时候不会按常理去做事情，但始终没有失礼于人，所以得到了人们的敬佩和尊敬。

曾经有一次，晏子接受大王的使命出使鲁国，孔子知道了这件事情，于是让自己的弟子也前往，跟随晏子虚心学习。

晏子到达了鲁国之后非常礼貌地拜见了鲁国国君。整个过程中孔子的弟子子贡对此有些不满意，他想："为什么人们都认为晏子是一个懂得礼仪的人呢？我就不这样认为，古礼上明明说过，'登阶不历，堂上不趋，授玉不跪'，现在晏子做的事情和这句话完全相反，这实在无法让人认同，怎么可以说他熟知礼仪呢？"

晏子在和鲁国国君谈完国事之后，就来拜访孔子。在此之前子贡已经将自己的想法告诉了孔子，孔子就问晏子道："先生，古礼规定，登上大殿台阶时应当依次而行，不可越级，因而在朝堂之上，我们切不可疾步而行；而在接受圭璋不需要下跪。但是今日先生的行为完全和这种古礼完全相反，先生这样做不知为何？"

晏子听后哈哈大笑，然后说："晏婴也研习古礼，知道在两楹之间，国君与臣子应当有各自固定的位置，如果国君走一步，那么臣子就应该走两步。今天，鲁国国君快速登上台阶，在下实在是怕来不及，于是只能越级而上了，我是不得已才在朝堂上疾走的。还有鲁国君主在授玉的时候姿势非常低，我怎么能不跪下来接受呢？要不然是对鲁国君主的不敬啊。君子为人处世，谨守大节很应该，但是在一些小细节上未必要较真。"

孔子听完这席话之后，非常敬佩晏子，他们又交谈了许久之后才将晏子送走。晏子走后，孔子立即召集自己的弟子，对他们说道："礼，贵在因时制宜，不要照搬书本，像今天的这种事情估计也只有晏子这样深谙礼法的人才能够很好地处理。"

知礼恭谨，我们需要注意，但是不应该拘泥于小节，大节上注意就是了。做到了这些同样可以得到别人的敬佩和信服。晏子之所以能够声名远播、能够名誉在外，很大程度上和他的这种行事风格有关系。

我们每个人在做事情的时候应该真心实意而不是流于表面。

弘一法师也从此中悟出了一些道理，他认为做人应该以品德为重，而要想修养品德就需要端正态度，知礼而后恭谨待人，不管是对前辈还是平辈都应该如此。

《菜根谭》中说道："文章做到极处，无有他奇，只是恰好；人品做到极处，无有他异，只是本然。"其中也主张以最朴素的本然开始修养品德，一个人的思想品格和言行举止都应该发自于内心。如果人们为了达到某种功利目的而规范言行，而刻意掩饰了自己的面目和内心，这样会扭曲自己的本性，其品德自然不被人们恭维。

只有内心真实而散发出来的品德才能够绵延流长，这样的品德没有必要夸大，自然就能得到别人的尊敬。

## ◎ 有舍去才会有得到

世界上的万事万物都是平衡的，如果你不想接受他人的高姿态，那么你就无法让别人接受你的高姿态。想要让别人对你付出真心，就需要对别人付出，舍得得越多就能够得到得越多。我们应该拿出自己的快乐然后分享给大家；我们应该拿出自己的真诚分享给大家。舍得展示自己微笑的人，就能够接受到别人笑脸的回报；舍得拿出自己信任的人，就能够更多地得到别人的信任；舍得拿出一份爱心，就能够收获更多的爱心。

曾经有一位居士向禅师诉苦，他说："我的妻子是一个吝啬的人，他不但不热心于施善之事，就算是对亲戚朋友的救助也不愿意，禅师能不能去开导开导她啊？"

禅师答应了这个居士，于是跟随着他到了他的家中。

居士的妻子果然是一个很吝啬的人，她看到禅师只是倒了一杯白开水，禅师对此倒也不在意，他两个手握成拳头然后夹起杯子喝水。

居士的妻子看到这一幕之后就笑了出来，禅师问她笑什么？

她说："师父，你的手是不是有什么毛病，怎么这个样子喝水啊？"

禅师说："这样喝水有什么不好吗？"

居士的妻子说："这样如果时间久了，很有可能形成畸形啊。"

禅师略作恍然大悟状，然后说："既然如此，那就这样吧。"说完就将两只手完全伸开。

居士的妻子笑着说："师父啊，你这样时间久了也会形成畸形啊。"

禅师点点头说："你说得很对，长时间攥拳头和长时间伸开手掌都会形成畸形，这其实就像钱财，如果一直攥在手里不肯松开，天长日久就会形成畸形；当然如果彻底大撒手，不懂得储蓄，那么最终也会成为畸形。钱其实是流通的，只有流转起来，才能够实现它的价值。"

居士的妻子有点不好意思，她明白禅师是在说她太吝啬，但是她还是不服气，于是她想给禅师出个难题。就在这个时候她养的一只小猴子从外边跑了进来，她灵机一动，抱起猴子对禅师说："大师，您看这个猴子多可爱，它和人长得一模一样。"

禅师则笑道："它就比人多了一身长毛，如果愿意舍弃，那它也就是人了。"

> 德盛者其心平和，见人皆可取，故口中所许可者多。德薄者，其心刻傲，见人皆可憎，故目中所鄙弃者众。
> ——弘一法师

居士的妻子说："大师的法力无边，那么就让它变成人吧。"

居士赶紧出来训斥自己的妻子太过于荒唐，然后向禅师道歉，不想禅师很认真地说："好吧，我可以试试，不过能不能成人还要看它自己。"

于是禅师伸出手从猴子身上拔了一根毛，

结果小猴子痛得吱吱乱叫，从女主人的怀里挣脱了出来。

禅师长叹一口气说："它连一毛都不肯拔，怎么可以做人呢？"

居士的妻子顿悟，从此也成了一个乐善好施的人。

要懂得"舍得"的道理，有舍才有得，如果不肯施舍，又怎么可以得到呢？

吝啬的人表面上看什么都没有失去，但其实他也什么都得不到，反而失去更多。很多时候我们只有愿意舍得，才能够获得更多。

## 第四课
## 事上忠敬不谄媚，接下谦和不傲忽

◎ 习劳能够强健体魄

做人做事都应该放低身价多尝试劳动，如果无法做到这一点，很多事情就无法完成。其实每个人根本没有什么身价，无论物质条件还是权力都是些虚幻的光环，这些东西可以将人抬得很高，但是会摔得更疼。

当然，放低身价不只在于态度上，还体现在身体力行上，尤其是劳动。弘一法师在讲佛的时候，一直在给人们讲解"习劳"的重要性。

这里讲的"习"是练习、"劳"是劳动，我们就来看一个关于习劳的故事。

每个人的身体上都有两只手和两只脚，这些其实都是为了劳动而生，如果不将这些用在习劳上，不但有负于两只手和两只脚，而且对自己的身体也没有好处。也就是说，如果经常锻炼身体，多参加劳动，能够让自己保持强健的体魄。

其实所有的人都需要劳动，在劳动的过程中我们不但能够强健体魄，而且还能够在劳动中领悟很多东西。接下来我们来看这样一个关于劳动的故事。

很多人都认为当一个人功成名就或者身份显赫之后就不再参加劳动了，其实不然，他们会继续坚持劳动，所有事情都是自己亲手做的。

有一天，一位王妃看到地面上不干净，于是就自己拿起扫帚扫了起来，很多婢女看到之后，都吓坏了，纷纷前来帮忙，但是王妃还是坚持要自己扫，最终在大家的一起努力下，不一会儿果然扫得非常干净了，王妃感觉非常开心，于是对大家说："其实一起劳动非常快乐。"

> 于作事，必克己谨严，要做到极致。于生活，应戒绝奢华，一切从简。
> ——弘一法师

还有一次，一位大王在外出的路上遇到了一个喝醉酒的男子，于是他就和自己的随从一起将这个人抬到了一条小河边，然后帮他清洗干净之后才离开。

还有一次，还是上面这个大王看到自己的一个手下生病了，于是就问他说："为什么你生病了还没有人来照料你？"那个手下说："以前别人有病的时候，我总是很嫌弃，所以现在我生病了，没有人来照料我。"这位大王听完这段话后说："既然别人不来照顾你，那就由我来照顾你吧。"说完之后就将这个手下的一些脏衣服拿去洗了，然后将他的床铺铺得非常平整。看到的人都很受感动，于是纷纷前来照顾这个人。

像这样的故事还有很多，通过这些故事我们可以看出一个人不管处于什么地位都应该参加劳动，故事中的大王和王妃不会像现在的一些人，任何事情都不愿意做，只等着享福。

## ◎ 舍去虚荣而得到真相

虚荣其实是一种表面上的荣誉，是一种虚假的荣名，是一种本身不存在的事情。我们只有舍弃了虚荣之心才能够看到事情的真相。

弘一法师总是劝告世人不要被眼前的东西所迷惑，其实有些事情很简单，看

> 世出世事，莫大成于
> 慈忍，败于忿躁。故君子
> 以慈育德，以忍养情。
> ——弘一法师

穿虚浮的东西，看到事物的本来面目，我们一起来看下面的这个故事。

有一天，有位私塾先生突然来了雅兴，于是召来他的弟子想要考一考他们的智商，对他们说："在下雨的时候，有两个人在走路，为什么一个人没有淋湿呢？"

第一个看到这句话的学生自作聪明地说："没有淋到雨的那个人肯定是穿雨衣的人。"

私塾先生听了他的话后，只是摇了摇头，什么话都没有说。

紧接着另外一个学生说："我想这应该只是一次局部的雨，这种现象虽然不是很常见，但至少是有的。没有淋到雨的人正好是走在没有下雨的一边。"说完这些话之后，他非常自信地看着自己的老师。

私塾先生对这个答案还是只笑不语。

第三个弟子看到先生对第二个学生的话没有反应，于是表态说："你们的解释也太牵强了，其实道理很简单，那个没有淋到雨的人应该是走在屋檐下的。"说完之后，扬扬得意地看着前面两位，同时也在等待着接受私塾先生的赞扬。

此时，私塾先生冲着自己的学生们笑了笑说："你们都是非常聪明的孩子，也都发挥了自己的想象力，设想出一个人淋雨而一个人没有淋到雨的可能，但其实你们不妨想一想，我刚才说的'一个人没有淋湿'，其实也可以理解为'两个人都没有淋到雨'的意思啊！"

很多时候我们都将思维局限在了固定的模式中，总是喜欢纠结一些约定俗成的事情，认为这些都是无法改变的事实，但是这种循规蹈矩只能让自己无法超脱。其实很多时候只要放下心中不可逾越的神圣，换一个角度去思考问题，你会发现很多事情都不是自己想的那样。

人们总是不愿意舍弃自己原本的认识，所以就无法开悟。虚荣其实是一种表象，只有懂得付出才能够获得成功。

这是一个真实的故事。

曾经有一个小姑娘父母双亡，她和年迈的奶奶在一起生活，全家的经济来源就只有靠奶奶每天捡拾废品，两个人相依为命，日子过得非常艰苦。

等到小姑娘到上学年龄的时候，慢慢有了虚荣心，所以她特别不希望同学们知道自己的奶奶是个捡垃圾的，她为自己蒙上了一层帷幕，生怕有一天这层帷幕被别人捅破。

但是事情还是发生了。有一天，学校安排老师和几位同学家访，小姑娘早早支开了奶奶，然后一个人在家中等着老师和同学们的到来。等到老师和同学们来了之后，他们谈了很多关于学习和生活的事情，老师问到奶奶的时候，她只是说出去了，没有告诉去什么地方了。

过了一会儿，老师和同学们起身告辞要到其他同学家去了，就在这个时候，他们在门外看到了奶奶。当时奶奶正拎着一大袋捡来的矿泉水瓶子，手中还拿着两个，老师和其他同学赶紧跟奶奶打招呼。

等老师和同学们走后，小姑娘跟奶奶大发脾气，她一直经营的帷幕被别人捅破了，她的虚荣心受不了了。

后来很长一段时间小姑娘都不和奶奶说话，其实此时的奶奶已经身患重病，她想在生命的最后时光里，多为小姑娘赚一些钱。

就在奶奶最后倒在病床上的时候，小姑娘才知道自己做错了，她因为自己的虚荣心而伤害到了爱自己的人。在看透了虚荣之后，她懂得了什么才是爱。

其实生活中的一些东西能够舍弃的就不要留恋，因为一个人的承载能力有限，在生活中不要被自己的贪念所累，该放弃的东西就放弃，这样自己才会有机会去追求更有价值的东西。

# 第五课
# 使人有面前之誉，不若使人无背后之毁

## ◎ 背后不要谈论别人的是非

"静坐常思己过，闲谈莫论人非。"当一个人独自静坐的时候，应该反省自己的过错；而和别人闲谈的时候，不要谈论别人的是非。

弘一法师对这句话非常认可，他不仅希望这句话能够为人们阐明一个深刻的道理，还希望人们能够将此用在为人处世上，因为这种高深的智慧只有用在了生活中才能够看到其价值。

有一年初春，某学校的老师带着学生们在春游，有一个学生问老师："现在很多人都变得很庸俗，他们很少做好事，哪怕为别人付出一点点就会说很长时间，我真的担心以后自己也会变成这样的人，而对他们这些人我非常看不起。"

老师听完学生的话之后，对他说："这个世界上有很多人，每个人都不一样，我们不能要求每个人去做好事，更不能以我们的标准去要求别人。我们可以友善地对待别人，但是不能要求别人友善地对待我们。"学生们听完老师的这段话之后都沉默了很久。

春游结束的时候，老师和学生们在回学校的路上遇到了一个人，这个人挡住了路，于是老师带头让了路，学生们知道老师这是在以身示教，于是纷纷以老师为榜样，从此之后就再也不去谈论别人的是非了。

> 说人过失，殊非所宜。
> ——弘一法师

也许有很多人会问，既然弘一法师提倡的是"闲谈莫论人非"，那当我们对身边的人有意见或者有想法的时候又该怎么做呢？其实这很好处理，只需要当面跟对方说就是了。我们来看看西汉时期汲黯的故事，通过他我们可以学到很多。

汉武帝的脾气非常不好，同时他又是一个好大喜功的人，所以很多臣子碍于权威都当面极力讨好他，背地里也免不了说几句。但是汲黯就不是这样的人，当他有什么意见的时候就会当面给汉武帝提出来，私下里却从来不去说汉武帝的是非，因为这个原因很多人都很尊敬他。

汉武帝时，汲黯官至右内史，列于九卿，属于权臣。那个时候汉武帝有一个习惯，经常会召集一些文学儒者然后一起谈论一些仁义道德的话，对于汉武帝的这个习惯，很多臣子都在他的面前说他是仁义道德的典范，但是私下里却有很多其他的议论。汲黯对汉武帝的这个习惯也有一些意见，但是他每次都是当面给汉武帝提出来，从来不会背地里小声嘟囔。

在一次朝会的时候，汲黯对汉武帝说："你内心中充满了太多的不能满足的欲望，口头上却整天说着仁义道德，像你这个样子怎么可能像尧、舜、禹一样治理好天下？"汲黯的一番话让汉武帝无话可说，他的脸色都变了，在场的所有人都为汲黯捏了一把汗，幸好汉武帝没有说什么，等到下朝之后，汉武帝对自己身边的人说："我对汲黯这种憨厚样子真的怕了。"

有人责备汲黯不应该这样当面让汉武帝下不来台，他说："天子设置公卿大臣辅佐他治理天下，难道他希望自己的臣子都是唯唯诺诺的人吗？如果他的大臣只懂得阿谀奉承，那岂不是会将他引上错路吗？我们这些人工作必须尽职尽责，如果有什么话就要当面说出来，如果只是在私下里议论，皇上怎么可能知道呢？如果我们做臣子的都这样明哲保身，国家会成为什么样子呢？"其实汉武帝自己也说过："虽然前朝有很多有功于社稷的臣子，但是像汲黯这样的恐怕也很少。"

喜欢在背后讨论别人的人，算不上君子，真正的君子不会这样做。无论是弘一法师，还是汲黯都是真正的君子。为人处世都应该努力做到"闲谈莫论人非"，如果对别人有意见或者有想法都应该委婉地当面提出来，这样做才是光明正大的做法，也能够换来内心的安宁。

## ◎ 不要谈论别人的是是非非

想要议论别人的时候请想想自己做得怎么样？而想要理解别人就先要理解自己。

有些人很喜欢去讨论别人的事情，对别人的事情说三道四、指手画脚，但是却从来不考虑如果是自己做这些事情会怎么样？或许自己去做要比别人差很多。

在春秋时期，子产对申徒嘉的身体残疾情况横加指责，但是他却没有想到当自己这样做的时候，已经暴露了自己德行的浅薄。

申徒嘉缺少一只脚，有一天他和子产一起去拜伯昏无人先生为师。第一天的时候，子产对申徒嘉说："要么我先出去你留下，要么你先出去我留下。"等到第二天的时候子产和申徒嘉坐在同一个屋子里的同一张席子上，子产对申徒嘉说："现在是我先出去你留下，还是你先出去我留下？现在我要准备出去了，你还是留下吧。你看到我这么大的官却不知道回避，难道你将自己看得和执政的大臣一样吗？"

申徒嘉说："伯昏无人先生的门下，都是他的弟子，哪里有什么执政大臣啊？你一直特别强调自己执政大臣的地位，难道你没有将别人放在眼里吗？我曾经听过这样的话：'镜子明亮，尘垢就不会停留在上面；尘垢落在上面，镜子也就不会明亮。长久地跟贤人相处便会没有过错。'你拜师学艺为的是追求广博精深的见识，这也是我们师父所强调的，现在你竟然说这种话，难道没有错吗？"

听完了申徒嘉的话之后，子产冷笑了几声，然后不无讥讽地说："你的形体已经残缺到这种地步了，却还想拥有像尧舜禹一般的善心，你也不估量估量自己的德行，难道受过断足之刑也不能让你反省吗？"

申徒嘉回答道："自己陈述并且辩解自己的过错，认为自己不应该形体残缺的人有很多；不陈述以及不辩解自己的过错，认为自己不应该形体整齐的人很少。懂得事物的无可奈何，能够接受各种遭遇的人很少，也只有有德的人才能够做到这一点。一个人来到这个世界上，就如同处于搭在弓箭上箭的射程之内，最中间的地方是最容易被射到的，如果没有被射中那就是命运了。很多人肢体整齐，他们都来嘲笑我的残缺，对于这件事情我经常陡然而怒，但现在来到了师父的住所，我的怒气也就消失了，我感觉能够接受。真不知道师父是用什么方法来消除我的怒气的？我现在跟随师父已经有十九年了，但是师父并没有认为我是一个断脚的人，我整天都在听着师父'要以德相交'的教诲，而你却一直以这件事情来说笑我，难道不是你的错吗？"

听完这段话之后，子产的脸刷地红了起来，惭愧地低下了头。他非常不好意思地对申徒嘉说："你还是不要说下去了，我已经知道了自己的错误。"

其实在我们的现实生活中也有很多人在议论别人的时候非常擅长，但是从来都不会低下头看自己的错误，不懂得时刻反省自己，也不知道通过反思来弥补自己的不足。

唐太宗曾经说过："作为一国之君首先想到的应该是人民的安居乐业。如果一味压榨人民而让自己过

> 欲论人者先自论，
> 欲知人者先自知。
> ——弘一法师

上奢侈的生活，那就和割取自己腿上的肉食用一样，虽然吃饱了但是却糟蹋了自己的身体。如果希望天下太平，那么就需要端正自己的态度。到现在我也没有听说过谁的身体是正的，而影子是歪斜的。当然我也没有听说过一个作风端正的君主治理下的子民能做出为非作歹的事情。"

　　唐太宗就是以这种观念来治理国家，他自己率先做出表率，努力改正自己不好的行为，虽然他已经很努力了，但他还是感觉不彻底，于是他找到魏徵，并对他表示了自己的不安，他说："我现在一直在努力端正自己的行为，但是不管我怎么努力，我都感觉自己比不上古代的帝王，我这样会遭受人们的嘲笑吗？"

　　其实别人怎么说并不重要，关键是自己如何去做，这才是最重要的。只有将所有的心思放在反省自身的缺点和不足上，并且努力改正它们，这才是当务之急。如果你想对别人发表一番议论，那么首先要低下头看看自己做得怎么样？

# 第六课
# 聪明睿知，守之以愚；
# 道德隆重，守之以谦

## ◎ 不要容易满足于现状

一个人要懂得克制自己的脾气，脾气不能太过于旺盛；人们还需要不断丰富自己的心志，心志不能容易满足；人们还要尽量掩盖自己的才华，才情不能尽情显露。其他两个方面先不说，但就"心忌满"这一点，对于我们的生活就有很大的指导意义。弘一法师指出这其实是告诉人们不要过早满足于自己现有的成就，而是在等到满足了一定的目标之后，还要看到有更大的目标需要我们去满足，如果在自己已经达到的目标上睡大觉，那么迟早会被时代所淘汰的。

其实过早满足就容易被时代所淘汰这个道理古人也很明白。所以很多人在取得了一定的成就之后，并没有甘于满足，而是向下一个目标开始进发。

苏家三父子——苏洵、苏轼、苏辙三人是北宋时期著名的文学家，他们被合称为"三苏"。

苏洵在27岁那年无意中翻阅一些书籍，他看到了谢安写的一篇关于古人爱惜时间、刻苦攻读的故事。他认真读完之后感觉非常有道理，而且文章写得很好，于是他反复阅读了好几次，每次阅读都有不同的收获。他感觉这篇文章简直是为自己写的，于是也发出了一些感慨，他想自己已经将近而立之年了，自己写的一些文章却都是平庸之作，而且没有什么建树。苏洵认为这是自己该努力的时候，于是从这个时候开始苏洵开始发愤读书。经过一年多的学习他感觉自己在学业上有了很大的长进，于是匆匆忙忙参加了录取秀才和进士的考试，结果双双落榜，但是苏洵并没有灰心，他依旧振作，但是却不知道该从什么地方去努力。

有一天，苏洵正在书房中整理他之前写的文章，看到自己的这些文章感觉到了自己的不足之处，连他自己也对这些书稿有些不满意，于是他将这些书稿统统抱出来，放在空地上，点起了一把火，化为灰烬。他之所以这样做，就是为了表示自己的决心。焚烧完书稿之后，他变得更加轻松了，而且更加刻苦学习。

当时苏洵经常在家中闭门苦读，有时候也会出门到四方拜师访友，一年来忙个不停，就连两个儿子的学习都要妻子来教导。

经过二十年的努力和奋斗，苏洵已经阅读了大量的书籍，不仅精通了四书五经和诸子百家的学说，而且对古今成败之事都有自己的看法和见解，自己也拥有了渊博的知识和惊人的才智，他写的文章自然比之前写的要好很多。他也写作了很多有价值的论文，受到了很多学者的倾慕，他自己也从中体会到了快乐。

而此时苏洵的两个儿子苏轼和苏辙已经长大成人，在父亲的影响下他们也发愤读书，都拥有了很高的学识和修养。于是苏洵带着两个儿子写的文章到京城游学。当时，欧阳修是文坛领袖，他还担任翰林学士，他看到苏洵的文章之后非常赏识，认为是当时最好的文笔。重视人才的欧阳修将苏洵的22篇文章推荐给朝廷。一时间朝廷上下震惊，京城内外的学者对此也是赞不绝口，并且纷纷效仿苏洵的文章写法。苏洵这位晚学成才的散文家也是一举成名。

> 气忌盛，心忌满，才忌露。
> ——弘一法师

苏洵之所以能够在"唐宋八大家"中占据一席地位，和他不断追求、不满足现状有很大的关系。假如当时满足于自己现有的学识，而不知道努力钻研，他最多成为一个在当地有名气的人，绝对不会成为震惊朝野，甚至流传千古的大文豪。

我们也要像苏洵那样,不能满足于现在的生活状态和目标。人生一世就算不追求功名和利禄,至少应该让自己的生活过得更好一些,所以任何时候我们都不应该停止奋斗的脚步,要不然总有一天会变得坐吃山空。

## ◎ 居功自傲只能自讨苦吃

当我们成功处理一件事情并且立下了功劳之后,就会非常高兴,这是人之常情,但是一定不要以此为傲,要不然会给自己带来不必要的麻烦。如果人们不懂得这个道理,最终只能让自己吃亏。

总是有一些人在立下功劳之后就感觉自己了不起,不将别人放在眼里,殊不知这种情况隐藏着很大的危险。

南北朝时期的贺若敦和他的儿子贺若弼就因为居功自傲而引火上身,最终给自己带来了巨大的麻烦。

南北朝时期,贺若敦是晋的大将,他认为自己的功劳已经非常高了,看到别人都升官了,而自己却没有升迁,于是心中非常不服气,口中也难免有一些抱怨之词,他总是想找个机会好好表现自己,以期得到升官晋爵的机会。

过了没多久,贺若敦奉调参加讨伐平湘洲战役,在打了几次胜仗之后,他得以凯旋。他认为这一次必定要受到封赏了,没有想到因为各种原因,他竟然被撤掉了原来的职务,贺若敦对这件事情非常不满意。晋公宇文护知道后,也非常生气,于是将他从中州刺史任上调回来,并且迫使他自杀。临死之前,他给自己的儿子贺若弼说:"我的志向是平定江南,为国效力,但是现在却无法实现,你一定要继承我的遗志。我是因为这根舌头乱说而丢了性命,你一定要记着我的教训啊。"说完之后,还拿出锥子狠狠刺穿了儿子的舌头,以此作为教训。

兔走乌飞、白驹过隙，转眼间十几年过去了，贺若弼做了隋朝的右领大将军，虽然舌头上的记号还在，但是他还是没有记住父亲的教训，常常因为自己的功劳很高、官位较低而怨声不断，他一直认为他起码可以做一个宰相。后来功劳不如他的杨素却做了尚书右仆射，而贺若弼还只是一个将军，没有得到任何提拔，贺若弼非常生气，经常会流露出不满的情绪。

后来贺若弼不满的一些言语传到了皇帝的耳朵里，贺若弼就被下了大狱。隋文帝杨坚批评他说："你这个人有三大猛：忌妒心过于猛；自以为是的心太猛；随口乱说、目无法纪的心也太猛了。"因为贺若弼毕竟有功劳，所以不久之后就被放了出来，但是他还不汲取教训，又跟他人夸奖自己和太子之间的关系，他说："皇太子和我之间的关系非常密切，就算是朝廷里一些机密的事情他也会对我附耳相告。"

隋文帝知道贺若弼又在大放厥词之后，对他更加不满意了，于是将他召来说："我现在用高颖和杨素为宰相，你就到处说这两个人只会吃饭而不会做事，你的意思是不是说我的眼光有问题，我这个皇帝也是废物啊？"贺若弼回答道："高颖是我的老朋友，杨素是我舅舅的儿子，所以我对他们非常了解，我知道他们不是做宰相的料。"就是因为他这种喜欢抱怨的性格将满朝文武得罪了个遍，很多朝廷大臣都站出来说他经常说朝廷的坏话。

隋文帝对他说："大臣们现在对你都非常不满意，他们要求我严惩你，你自己想想还有什么活命的理由？"贺若弼辩解道："我曾经凭借着陛下的神威，率八千兵渡长江活捉了陈叔宝，希望您能看到我以往功劳的分上，给我留一条活路。"隋文帝说："当时你准备出征陈国时，你对高颖说：'陈叔宝肯定会被削平，但是我们这些有功之人会不会有什么影响？'然后高颖对你说：'我可以向你保证，我们的皇帝绝对不会这样做。'是这样吗？等到你削平了陈国之后，你要么要求做内史，要么要求做仆射，这个功劳我已经赏赐过你了，你今天怎么还能希望我因此而饶恕你呢？"过了

> 盖世功劳，当不得一个矜字。
> ——弘一法师

一段时间之后，隋文帝认为他毕竟有功劳，就没有杀他，只是撤销了他的官职。

贺若弼父子二人都是因为居功自傲而心生怨恨，最终一个被杀、一个被免除了官职，之前的所有功劳没有了任何用处。所以我们需要记住不管我们的功劳有多么大，我们一定不要居功自傲，要不然只能自讨苦吃。

# 第七课
# 利关不破，得失惊之；
# 名关不破，毁誉动之

## ◎ 得意之时需提防乐极生悲

我们在人生得意的时候一定要提防乐极生悲，而讲话得意的时候同样要防止言多必失。人生中出现得意的事情能够令人开心，但是弘一法师一再强调人们越是得意的时候就越要注意不要得意忘形，以免乐极生悲，不要让自己快乐的事情瞬间变成哀愁。

古时候的卫灵公是个好色之人，在他的后宫中有佳丽三千，而且他还养着一些男性嬖臣，其中弥子瑕就是卫灵公最宠爱的一个。弥子瑕仗着卫灵公对他的宠爱就由着自己的性子胡闹，完全不将朝廷的规矩当作一回事，有时候还会在卫灵公的面前放肆。又因为他是一个聪明伶俐、善于撒娇卖乖的人，所以卫灵公总是能够原谅他的错误。

有一天晚上，有人捎话给弥子瑕说他的母亲得了重病。弥子瑕听到这个消息之后立马跑到御车房，谎称卫灵公有令，然后让车夫连夜送他回家。车夫也知道弥子瑕是卫灵公面前的红人，所以就当真了，当天晚上就送他到了家中。

当时卫国的法律规定，私自乘坐君主的车辆要处以刖刑。当时有好事之人将这件事情报告给了卫灵公，卫灵公因为对弥子瑕宠爱有加不但没有怪罪于他，反而夸奖他说:"他的母亲生病了,就把刖刑都忘记了,弥子瑕真是一个孝顺的人。"

很快这件事情卫灵公就忘记了。过了几天,卫灵公让弥子瑕陪着他去果园中游玩,当时果园中的桃子刚刚成熟,弥子瑕顺手就摘了一个桃子,一边吃着一边和卫灵公戏耍,卫灵公开玩笑说:"前几天你偷用我的车子我没有责怪你,现在你准备怎么感谢我?"弥子瑕则一本正经地说:"你现在闭上眼睛,我就送你一个好东西以表示我对你的感谢。"

卫灵公果真闭上了眼睛,此时弥子瑕将自己吃剩下的半个桃子塞进了卫灵公的嘴巴里,然后笑着跑开了,一边跑一边说:"这个桃子非常甜,就算是我对你的谢意吧。"卫灵公这才知道自己上当了,但是他还给随从说:"他将自己吃剩下的甜桃子给我吃,这是爱我的表现啊。"说完之后哈哈大笑起来。

弥子瑕就这样过了很多年,转眼间弥子瑕也是一个老人了,卫灵公自然不再宠爱他了,因为他现在有了更年轻、漂亮的嬖臣。弥子瑕只能每天看着卫灵公和其他的嬖臣玩耍,虽然心中生出一种凄凉,但是他现在不得宠了,所以也不敢将自己的不满意表现出来。

现在的弥子瑕总是沉浸于过去的回忆中,他甚至每天都不知道自己当天的工作是什么,只知道发呆。一天中午他又陷入了对过去的回忆中,不知不觉地他就走进了卫灵公的寝宫,当他醒悟过来的时候已经迟了,他转身离开的时候一不小心将茶几上的一个花瓶撞倒了,一声脆响将还在午睡的卫灵公惊醒了,卫灵公看到是弥子瑕擅闯寝宫,于是大发雷霆,他说:"谁让你进来的?难道你想要谋杀寡人吗?"弥子瑕吓得赶紧跪了下来,说自己是无意中才走进来的。

卫灵公还是不肯饶恕他,说:"那你的眼睛是干什么用的?我当年就看出来你不是一个好东西,你偷用我的车子,还把自己吃剩下的桃子塞到我的嘴里,今天我就要新账老账一起算。"说完之后气愤至极的卫灵公竟然下令让人砍掉了弥子瑕的双脚和右手,并且挖去了他的双眼。

卫灵公虽然是一个专制、残暴之人,但是弥子瑕

> 事当快意处须转,
> 言到快意时须住。
> ——弘一法师

如果在得意的时候保持一份清醒，能够不任意妄为，那么就不会落到现在这样乐极生悲的下场了。

我国历史上有很多乐极生悲的例子，秦朝的灭亡无疑就是一个很好的例子。

秦始皇建立了秦朝之后非常得意，于是他想着好好享受一番。他看到当时的都城咸阳人很多，而先王的宫廷非常小，于是准备在渭水边的上林苑中营造宫殿，把前殿取名阿房宫。建成之后秦始皇和妃嫔媵嫱、王子皇孙宴饮作乐其中，可以说是非常快活，当时他们并没有意识到灾难正在一步步逼近他们。等到秦始皇离开了人世，他的儿子秦二世胡亥比起他的父亲更是有过之而无不及，他每天继续着以往歌舞升平的快乐生活，一点都不顾及百姓的死活，他的行为也不断导致社会矛盾的激化，最终引发了农民革命，秦王朝也最终在农民起义中灭亡。

人如果在高兴得意的时候无所顾忌，那么就会很容易导致危险。我们只有冷静面对现实情况，不管是得意时还是不得意时，都要保持一份冷静的心态，采取积极的态度和行为去预防可能发生的灾难，防患于未然，这才是长久之计。

## ◎ 贪爱之心能够迷惑人的心智

贪爱会让人陷入见利忘义中，即便这里的"利"只不过是蝇头小利。其实这些利益根本就不是我们追求的目标，只不过是沿途一些诱惑人的风景，所以我们不要在意这些风景，应该埋头赶路，不要因为一点点的贪爱之念而荒废了自己制定的远大目标。

在深秋的一天，植物都凋谢了，到处是一派萧杀的样子，有位路人急急忙忙地往家里赶，边走边想自己回到家中就可以吃上美味的大餐了。他走着走着，突然觉得地上有些异样，低头一看，原来脚下散落着很多白色的东西，再仔细一看，竟然是人的骨头。路人一下子被惊吓到了，他不知道为什么在这里会有人骨呢，他害怕极了，但是想到要回家吃大餐，他又抱着很大的信心继续前行。走了不远，路人听到有奇怪的响声，抬头看时，一头正在咆哮的猛虎朝他迎面扑来。

> 不为外物所动之谓静，
> 不为外物所实之谓虚。
> ——弘一法师

路人大吃一惊，他这时才想到，原来这些骨头都是被这只猛虎吃掉的可怜的同路人啊！他一边想着一边匆忙转身，朝来时的路飞快地逃跑。路人在树丛中跑得竟比老虎快，但他似乎是迷路了，他发现自己来到了悬崖峭壁前，悬崖下面就是波涛汹涌的大海。面对这样的绝境，前面是悬崖，后面是老虎，这该如何是好。进退两难之中，路人爬上了一棵长在悬崖峭壁上的松树。没有想到的是，老虎也张牙舞爪地准备往松树上爬。

路人想到自己真是要完了，就在他万念俱灰之际，他看不远处的树枝上垂下一根藤条，路人像是看到了救命稻草一样顺着藤条溜了下去。但是，藤条并没有一直延伸下去，他被悬在空中，不得上下。

路人抬头看了看上面，只见老虎舔着舌头，虎视眈眈。他又看了看下面，波涛汹涌的大海上有鲨鱼等凶猛的动物正严阵以待，想要把他吃掉。更让人惊恐的是，藤条上面还传来吱吱的声音，原来是几只无聊的老鼠在磨牙，它们正坚持不懈地啃噬着路人抓着的藤条。

如果这样下去，藤条很快被老鼠用牙齿咬断，那路人就不得不掉进海里，被那些游弋的鲨鱼吃掉。面对这样的困局，路人实在不知道自己该怎么办，如果自己不赶紧想办法，迟早都会丧命。怎么办呢？路人想到自己还是先赶走啃噬藤条的老鼠吧，这样自己还能坚持一会儿，或许上面的老虎没有耐心就走了。于是路人试着摇了摇藤条。两只老鼠受到惊吓后,哧溜一声逃走了,藤条被咬断的危险暂时没有了。就在路人庆幸的时候,他感觉有湿热的东西掉在他的脸庞上,他用手摸了摸,然后用舌头舔了舔手上油状的东西,竟然是甜甜的蜂蜜。原来,这根藤条的根部有蜜蜂巢,刚才的摇动把蜂蜜给摇了下来。

路人是一个非常喜欢甜食的人,他尝到蜂蜜的甜味后,心中十分高兴,竟然忘记了自己现在还处在非常危险的境地中,他尽情地舔干净了刚才流下来的蜂蜜,但是还不解馋,为了得到更多的蜂蜜,他又拼命地摇起了藤条,藤条在他的摇晃下,与岩石摩擦,开始出现断裂。但是路人浑然不觉,他只是一心想吃到他喜欢的蜂蜜。摇晃了一会儿,蜂蜜终于流了下来,就在路人伸手去抓蜂蜜的时候,藤条在摇晃中猛地断掉,路人还没有吃到蜂蜜就随着藤条一起掉进了海里,被鲨鱼咬死。

他终于因为自己的贪念而葬送了自己的性命。

人为什么会生出迷惑之感呢?其实这只不过是贪念之心覆盖了真心,自己也在此中迷失了。迷惘和痛苦并不是可怕的事情,如果能够丢掉心中的欲念和虚妄,那么就可以重新找回自己。但是最担心的是明明丢失了自己却不知道悔改,这样只能让自己在错误里打转,永远都无法出来。

## 第五讲　处事

人的一生会遇到很多事情，有些事情是我们能够轻松应对的，有些事情则是我们无法轻松应对的；有些事情是我们独自能够完成的，而有些事情则是我们需要和别人一起完成的……但无论如何我们在处事的时候一定要戒骄戒躁。

# 第一课
## 善用威者不轻怒，善用恩者不妄施

### ◎ 君子和小人的区别关键在于心境

弘一法师对此是深有体会，他认为，所谓的小人特别喜欢打探君子的过错，但是君子却不愿意知道小人的过错，甚至以知道为耻。这其实就是在说明君子和小人之间的差别。一个人品质的划分跟这个人的胸襟、气度和心境有很大的关系。

"小人乐闻君子之过。君子耻闻小人之恶。"这句话在告诫人们，君子和小人的差距在于心境上的微小差别，而恰恰是这种微小的差别导致了他们行为上的巨大差异。所以每个人都一定要注重自己的内省修为的修炼，要不然自己所表现出来的就是小人的行为。

在我们的现实生活中遇到和我们相处不来的人很正常，不管是脾气的关系，还是见解方面的问题，总之双方之间会时不时有争执，都巴不得远离自己讨厌的人；但是对于自己喜欢的人则渴望亲近，遇到之后就会感觉心情舒畅。其实喜欢和讨厌与对方本身无关，之所以有不同的态度，根本上还是在于自己。有时候我们就是太在意自己的感受，所以渴望遇到的人都对自己好，可以帮助自己，也希望自己身边的人都能够按照自己的观念改变，依照自己的生活态度而生活。

但这又怎么可能呢？其实我们先要想一想，是不是自己的观点有错误，我们是不是应该先改变自己呢？

我们不妨回想一下我们平日的行为，想想是不是自己在心情舒畅的时候，感觉大多数人都对自己是友善和亲切的？而当我们自己心情烦躁的时候，就会感觉所有人都对自己有敌意，就算是平日里最亲近人的一句告诫，都会认为带着敌意？其实，只要内心充满着欢乐和自在，到什么地方都会感觉到快乐。

> 小人乐闻君子之过。君子耻闻小人之恶。此存心厚薄之分，故人品因之而别。
> ——弘一法师

心中充满着清静和智慧的人，看到一草一物都能够悟出真理，对任何人的指导都会认为是中肯的建议。所以慈悲的人看到的永远都是慈悲。当我们开始懂得用智慧的眼睛去观察世界的时候，我们就变得豁达，从而步入君子的行列。

而小人恰恰缺乏这种智慧，他们对任何人都带着怀疑的态度，他们不愿意相信人性本善，他们总是担心自己有朝一日被别人陷害，他们也会担心在和别人交往的过程中失去什么。就像上文说的他们喜欢打探君子的过错，之所以如此，要么是想要用别人的过错来掩盖自己的罪行、要么就是内心的阴暗面在作祟。而君子就不会如此，他们不愿意知道小人们的过错，这主要是因为他们高尚的情操、他们善良的本性。君子对待世界上任何人都愿意付出信任，他们认为就算是有人做错了事情，那也不过是一时的贪念所致，他们终究会改变。君子永远心存善德，他们尊重和善待所有人。当君子听到别人犯下错误的时候，就会心生忧虑，他们自然就不愿意打探和听到这些事情了。

君子用自己的德行来守卫自己的纯净之心，他们也期望自己的行为能够感召别人，他们认为这是一种大功德、大善行。

## ◎ 时刻保持天性中的智慧

人本身就有着诸多天然的智慧，只不过在生活中被磨砺掉不少，所以才会认为自己的生活非常辛苦。人如果始终保持一颗自然之心，那么就可以留住自己天性中的智慧，人生就会变得非常丰富了。

曾经有一个商人先后娶了四房妻妾：第一房妻子做事非常机灵圆滑，而且时刻陪伴在这位商人左右，就像是商人的影子一样；第二房妻子是抢来的，长相非常漂亮，所以人们都会羡慕；第三房妻子善于持家，这为商人解决了很多后顾之忧；第四房妻子每天看起来都很忙碌，但是商人也不知道她在忙什么，所以很多时候就会忽略了她的存在。

有一次这个商人准备出远门，因为旅途非常辛苦，所以他决定带一个妻子上路，于是他将四个妻子召集到一起说："我现在要远行了，你们谁愿意跟我一起远行呢？"

听到商人的话之后，第一房妻子一改常态说："我不打算陪你去，你还是问问她们吧。"第二房妻子说："不要忘记了我可是你从外边抢来的，我自然不会跟着你去受苦。"第三房妻子说："我的身体一直不好，所以没有办法承受旅途的颠簸，我就不跟随你去了，不过我倒是可以将你送出城外。"第四房妻子说："你放心吧，如果你需要的话，我随时都会出现在你身边。"

听到四房妻子的话之后，商人暗自感叹道："我算是看清了，到关键的时候才能够看到一个人的心。"

那四房妻子其实就是我们自己，第一房妻子是我们的肉体，肉体最终会和我们分开；第二房妻子就是金钱，很多人一辈子都在为它而忙碌，但是到头来却没有办法带走它；第三房妻子就是我们真实的妻子，虽然她能够和我们同甘共苦，但是最终还是会和我们分开；第四房妻子其实就是一个人的天性，你平常会忽略了它的存在，但是它却始终和你不离不弃，就算是你处于最艰难的环境中，它都不会背叛你。

> 不为外物所动之谓静，
> 不为外物所实之谓虚。
> ——弘一法师

一个人的天性会伴随一个人一生，但前提是在生活的过程中没有因为种种原因而丧失它，或者掩盖它。所以，我们每个人都应该保持自己的天性。

# 第二课
# 处难处之事愈宜宽，处难处之人愈宜厚

## ◎ 时刻保持积极的心态

如果我们让一口气留在心中而不知道抒发，长久郁闷于胸中，那么我们就会丧失很多触手可及的幸福和辉煌。我们要学会不因为坏事情而发脾气，时刻保持一种乐观积极的心态。虽然我们没有办法改变我们生活的环境，但是我们可以改变自己对待事情的看法和态度。

心态其实是我们对待人生各种遭遇的态度和反应。好的心态能够帮助我们成功；相反，差的心态能够毁灭我们。虽然在生活和工作中我们无法让每件事情都顺心如意，但起码我们可以用积极的心态去对待每一件事情。

从前有一个脾气暴躁的渔夫，他每天的工作就是到离家不远的小河流里去打鱼。

有一天这个渔夫刚将网子撒进水中就听到了天上的雷声，紧接着倾盆大雨就下了起来，他看着自己刚刚撒下去的网子以及空空的鱼篓非常生气，他心中怀着气愤的心情开始收网，但是事有凑巧，渔网被水中的水草缠住了，不管他怎么抖动都没有办法将其收起来，于是他一气之下竟然将网子撕烂了，而气愤的他一不小心也掉进了水中，变成了一个彻彻底底的"落汤鸡"。

很多人都会因为天气、周边的环境、周围的人而影响到自己的心情，而做出不理智的事情来。

曾经有一个年轻人到一个陌生的地方旅游，他在这里遇到了一个老人，于是就问这个老人："这个地方怎么样？"

那个老人没有回答，而是反问道："你认为你的家乡怎么样？"

年轻人回答说："我的家乡简直糟糕透了。"

老人于是说："那你还是赶紧离开吧，这里和你的家乡一样糟糕。"

过了几天又来了一个年轻人旅游，他同样碰到了这位老人，也问了老人同样的问题，老人同样反问道："你的家乡怎么样？"

这个年轻人说："我的家乡非常漂亮，我非常想念我的家乡……"

老人非常高兴地说："这个地方也非常好，和你的家乡一样。"

很多人知道这个故事之后感觉很诧异，他们不禁要问："为什么同样的一个问题，对不同的人回答则不同。"其实，很多人也来问这个老人为什么，这个老人回答说："你在寻找什么，你就会遇到什么。"

在不同的人眼里，世界会有所不同。其实世界还是那个世界，它并没有变化。如果你用欣赏的眼光去看，那你就可以看到很多美丽的景色；而如果你满腹怨气地看待这个世界，那么你就会发现这个世界一无是处。

> 视人之善，犹己之善。视己之善，犹人之善。念念同观，亘古无间。法界偕游四德城，方满最初宏誓愿。
>
> ——弘一法师

古时候有一个秀才多次赶考都没有取得功名，这一次他又进京赶考，他住在一个经常住的旅店里，而在住的两天里居然做了三个梦：第一个梦是他梦到自己在墙上种白菜；第二个梦他梦到自己在雨中戴着斗笠打着伞前行；第三个梦他梦到自己和自己心爱的表妹脱光了衣服躺在一起，但是他们却背靠着背。

秀才感觉这三个梦非常蹊跷，于是他找来算命先生给他解梦，算命先生听完他这三个梦之后，就拍着大腿说："你还是赶紧回家吧。你自己想想，高墙上种白菜那不就是白费劲吗？戴着斗笠还打着伞那不是多此一举吗？和表妹脱光了躺在床上却背靠着背，那不就是没戏吗？"

秀才听完之后感觉非常失望，于是他回到旅店开始收拾包袱准备回家了。这个时候店老板看到秀才在收拾包袱感觉很奇怪，于是就问他说："你不是要来考试吗？怎么现在还没有考呢，就开始收拾包袱回家了？"秀才就把刚才解梦和自己做的梦都讲给了店老板听，店老板笑着说："我以前也跟从师父学过一些解梦，不妨我帮你解一解看。"秀才随口答应了，老板说："我认为墙上种白菜的意思是你要高中了；而戴着斗笠还打着伞那是有备无患的意思；和表妹脱光了却背靠着背不就是说明你现在就要翻身了吗？"

秀才听完之后感觉非常有道理，于是非常振奋地参加了考试，结果考中了探花。

在我们的生活中拥有积极心态的人就像是太阳，照到哪里都是一片光明；而消极的人在遇到问题的时候更多地选择了回避，最终导致了失败。不同的心态导致着不同的未来。

## ◎ 专心致志做好任何事情

水滴石穿，绳锯木断。

骐骥一跃，不能千里；驽马十驾，功在不舍。

世上无难事，只怕有心人。

贵有恒，何必三更灯火五更鸡，最无益，莫过一日曝十日寒。

上面的这些格言其实都是在说明一个道理，那就是做任何事情都要认真做，这样才能取得好结果。

孔子一生怀才不遇，所以他只能四处流浪。一路上他跋山涉水、风餐露宿，这一天他来到楚国一个山清水秀的地方，因为天气非常炎热，加之孔子他们已经非常疲乏，于是他们在树林中歇息。

孔子一行人休息的时候看到一个伸手敏捷的驼背老人正在用竹竿捉蝉，他手一伸就是一只，感觉像变戏法一样，众人看得目瞪口呆。

孔子趁老人休息的时候走到老人面前，向老人请教捕蝉的方法，他说："一会儿的工夫您就抓了这么多，有什么特殊的诀窍吗？"

老人回答说："在我五六月的时候，我学着用竹竿头接运泥丸。刚开始的时候我只能接运两粒泥丸，我保持让他们不掉下去，经过这样的练习，我捕蝉时失手的次数就少了很多；后来我就开始逐渐增加泥丸的数量，等到我能运转五粒泥丸的时候，就达到了今天的境界。我现在可以操控我的自身，天地虽然很大，物品虽然很多，但是我心中只有蝉的翼，任何事情都不会干扰我捕蝉的心思，按照这样的做法，我怎么可能不捕捉到蝉呢？"

孔子于是回头对自己的弟子说："看起来做任何事情都应该专一，只要不瞻前顾后，就能够像这位老伯一样，达到出神入化的境地。"

那位老人说："你看起来很像一个儒者，你为什么要问这些事情呢？其实做事情只要专一、认真，很多事情都能够做成。"

> 视人之乐，犹己之乐。视己之乐，犹人之乐。所欲与共，忌妒永却。法界同欣法喜充，不尚偏空寻略约。
>
> ——弘一法师

另外还有一段故事，说的也是这个道理。

楚国曾经有一个非常著名的钓鱼能手叫詹何，据说他能够用一根蚕丝做成钓线，用芒草针作为钓钩，用小荆条或小竹条做钓竿，用半颗谷粒做诱饵，不论是在水流湍急的河中还是几百尺深的水潭里，都能够钓出很多鱼，而他的鱼竿却不会受到任何的损坏。

后来楚王听说了詹何的钓鱼技术，很想知道其中的奥妙，于是就将他召来，问他为什么能够拥有这样的本领？

詹何笑着说："先父曾经给我讲过这样一个故事，曾经有一个叫蒲且子的人特别擅长射鸟，他用很弱小的弓，在箭上系很细的丝，趁着风势就能够将飞在高空中的大雕射下来。而他之所以能够达到这样的本领就是因为他做事认真、专一，再加上他敏捷的身手。于是我从这个故事中得到了启发，就专心钻研钓鱼的技巧，经过五年的磨炼终于练就了这份手艺。现在我去河边钓鱼的时候可以不想任何事情，只要将钓线扔进水中，钓钩沉到水中之后，任何事情都无法打扰到我。"

楚王听完之后点点头说："原来如此啊，如果我在治理楚国的时候能够引用这套道理，那么国土的管理就很容易了。"

詹何说："是啊，这两者的道理其实一样。"

其实做任何事情只要把握好，专一地去处理事情，多加练习，熟能生巧。将这两点把握好之后就能做好任何事情。

# 第三课
# 必有容，德乃大；必有忍，事乃济

## ◎ 关键时刻懂得忍耐

现在纷扰的世界会让人变得顽固、做事昏庸，但是这也是最好的休养生息的时候。做事情如果太过于愤世嫉俗，那么不但对事情没有什么好处，反而会多结怨仇，最终也无法做成事情，这其实是最愚蠢的做法。如果在关键的时刻懂得忍让，后面肯定会有很多好处。

弘一法师认为，当一个人遭遇了困难以及陷入困境中的时候，一定要记住"忍一时风平浪静"，要懂得冷静地控制自己的心态，在忍耐中可以看到事情的转机，可以寻求成功的可能。尤其是在一些关键时刻，人一定要有忍耐的能力，这样可以帮助自己渡过难关，为日后的发展留下一线生机。

我国古代的历史学家司马迁就是一个懂得忍耐，最终成就大事的人。如果他没有忍耐，那么或许我们现在就看不到伟大的《史记》了。

司马迁，字子长，生活在西汉景帝、武帝时期。他的父亲是司马谈，当时是一个非常有学问的人，担任着掌管天文、历法和历史文献的太史令。司马谈在离开人世的时候希望司马迁能够完成一部通史，这也是他的意愿，司马迁自然答应了父亲的要求。

> 冲繁地，顽钝人，拂逆时，纷杂事，此中最好养火。若决裂愤激，不但无益，而事卒以偾，人卒以怨，我卒以无成，是谓至愚。耐得过时，便有无限受用处。
>
> ——弘一法师

公元前104年，司马迁开始正式编著《史记》，这是一部浩大的工程，为了能够尽早完成这部书，司马迁没日没夜地工作，几乎断绝了所有的应酬。

但是公元前99年，一场灾难从天而降，这就是著名的"李陵事件"。李陵是飞将军李广的孙子，也是一个能征善战的大将军，他在出兵讨伐匈奴的时候，长驱直入，结果遇到了匈奴的大军，因为寡不敌众，苦等不到援兵，于是投降了匈奴。这个消息一传到朝廷，立马引发了大地震，很多人都不敢相信这是真的，但是大多数人都纷纷落井下石。司马迁当时深感不平，虽然他和李陵没有什么很深的交情，但是对李陵的为人一向敬佩，于是仗义执言，讲述了李陵这次抗击匈奴的功劳，声称大臣们不应该斥责李陵。结果司马迁的话惹来了汉武帝的大怒，他认为司马迁在称赞李陵的同时，是在贬低李广利，而李广利正好是汉武帝非常宠爱的李夫人的哥哥，于是他将司马迁关进了大狱之中，并且判了死刑。

按照当时汉朝的法令，死刑有两种方法可以减免：一种是用钱来赎罪，司马迁是一个小官，而且为人清贫自然没有这笔钱；另一种就是忍受宫刑，这种刑罚要将男性的生殖器割下，虽然可以免除一死，但是这绝对是当时最残酷的刑罚。不仅对人的身体摧残，而且对人格也是一种极大的侮辱。面对这种屈辱的现实，司马迁非常悲痛，也想一死了之。

但是，此时司马迁想到了自己现在正在进行的《史记》，他想如果自己死了，那么谁来完成《史记》呢？他此时又想起了已经逝世父亲的嘱托，在万般无奈之下，他选择了忍受宫刑这种方式保全自己的性命，他忍受屈辱为的就是保全性命，著述《史记》。

出狱之后的司马迁做了中书令，为皇帝掌管文书、起草诏令。他之所以做这个官职也是因为他无法离开皇家的图书馆。就这样他忍辱负重了八年时间，终于完成了《史记》这部伟大的巨著，当时他已经是一个头发斑白的老人了。

可以这样说，正是因为司马迁的忍耐才有了伟大的《史记》。这个故事告诉我们，在关键的时候选择忍耐和坚强，可以创造伟大的辉煌。

## ◎ 要懂得为别人着想

遇到事情的时候还需要多考虑考虑别人，同样在议论别人的时候也要考虑一下自己是否做得好。

人们在遇到事情的时候总是会为自己着想，也正是因为这个原因，使得人们之间总是存在隔阂。弘一法师认为，人与人的相处最重要的是要多替别人着想，假如大家都能这样做，人与人之间的关系就会变得融洽。

其实那些懂得为别人着想的人并不是为了赚取名声，而是一种很自然的行为，在他们眼里这些都是应该做的。

东汉时期的袁安官至司空、司徒，他在做官的时候是以严明著称的。除了这个原因之外，袁安还是一个处处为别人着想的人，也留下了很多佳话。

有一年冬天非常冷，当时下了好几场雪，袁安当时还只是居住在洛阳的一介平民。那天大雪从半夜就开始下了，时间不长就落了厚厚的一层，到天快亮的时候雪小了一些。按照当时人们的习惯在雪停之后都会去清扫自己门前的积雪，于是人们在天刚亮的时候就开始清扫积雪了。

这天早上，袁安也起得很早，他也准备去扫积雪。当他打开门的时候发现很多人在他们家门口避寒。在雪天里总是有一些人躲在他们家门口躲避风雪。看着这些冻得瑟瑟发抖的人，袁安心里非常难过，他想，虽然自己日子过得非常不

> 临事需替别人想，论人先将自己想。
> ——弘一法师

好，也没有什么钱，但是下雪天的时候起码还有一个屋子可以躲避，他还想，虽然现在自己无法给他们做一些吃的，但是起码可以让他们到自己家中暖和一会儿，于是他就放下了扫帚，让这些人都到他家中取暖。

等到天大亮了，很多人都开始扫自己家门前的积雪了，当时按照规定居民家门口的积雪都要及时清扫，一方面美化市容，另一方面也方便行人出行，但是袁安家中取暖的人迟迟都没有离开，所以袁安一直没有去扫雪。

这天洛阳的地方官都出来视察，看清扫积雪的情况。地方官走在街上发现家家都很积极，基本上都出来清扫积雪了，但是他们走到袁安家门口的时候却发现丝毫没有扫雪的迹象。地方官于是来到袁安的家中，那些取暖的人都非常害怕纷纷逃跑了。

地方官看到袁安在家中就非常生气，于是他们说："你为什么不出去扫雪呢？难道你不知道这样要接受处罚的吗？"袁安则回答说："大人，并不是我不去扫雪，您也看到了，我们家有很多取暖的人，如果我要出去扫雪的话，他们就不能在我们家取暖了。他们又冷又饿，我实在不忍心让他们走。"听完了袁安的一番话之后，地方官也都理解了他的行为，所以袁安并没有因为这个原因而受到处罚。

人与人之间的关系都是相互的，如果你懂得为别人着想了，那么别人自然就会愿意为你着想。假如做事情总是将自己放在前面，总是做一些损人利己的行为，那么时间久了就没有人愿意和你打交道了。不管是为了我们自己还是为了整个社会的和谐，我们都需要为别人着想。

# 第四课
# 本无事而生事，是谓薄福

◎ 审时度势中把握好机会

曾经有一个年轻人，在一次偶然的机会遇到了一位文学大师，他感到非常开心，和大师聊了很久。

文学大师也很喜欢这个年轻人，于是对他说："年轻人，从你的身上看到了当年的我，你将有机会出版属于自己的小说、取得举世瞩目的地位、同时也会得到财富。"

年轻人听到文学大师这样说非常高兴，他回到家中之后做任何事情都没有了兴趣，他将所有的时间都耗费在了等待这些预言实现，但是他终其一生也没有实现这几个预言。

在他年老的时候，他回想起当年那位文学大师给他说的话，他非常生气，心想："这个文学大师真是气人，他当时说我可以出版属于自己的小说、可以取得显赫的地位、可以获得巨额的财富，但是现在我却什么都没有，我等了一生，这些都没有出现，这是为什么？"

此时身旁的妻子看懂了他的想法，然后对他说："老公啊，其实当年那个文学大师并没有给你许诺什么，他只是说你有发表小说、取得地位、获得财富的可能，其实我们的一生中遇到过好几次机会，只不过是你自己没有把握住这些机会,你让它们白白溜走了。"

他听完这些话之后,还是不够明白,他说:"我遇到过这样的机会?我怎么感觉不到啊?"

于是,老伴和他一起回味他的一生,老伴说道:"曾经有一次你想到了一个很有故事性的创意,但是你却没有将它付诸行动写出来,只是将这个好点子搁到脑后。"

这个人想了一会儿说:"好像是有这么一件事情。"

然后老伴继续说:"你因为害怕失败而没有去行动,所以你就这样轻易失去了你第一次达成愿望的机会。但是你的这个故事过了几年之后,又被另一个人想到了,他将这个故事写了出来,最后他出版了自己的小说,他成了一代作家,而且最后获得了显赫的地位。其实像这样的机会在我们的生活中出现过很多次了。"老伴继续说:"曾经有一次,我们家附近发生了火灾,当时有很多人家的房子都被烧毁了,也有很多人被困在大火里,那些人并没有死去。我们去帮助了他们,最后我们回来的时候累得一身汗,我们只是洗了个澡,然后去做自己的事情了。而当时还有一个人也在现场,他将发生的这些事情全部都写了下来,最后他也成为了一个作家。这难道不是你的第二次机会吗?结果你还是将此错过了。"

听到老伴这样说,这个人略微感觉到自己的确有过这样的机会。

于是老伴继续帮他回想,她说:"你想,那场火灾我们帮助了那么多人,我们有亲身经历,如果能够将这些写出来的话,肯定会非常感人,但是你还是没有付诸行动,只是想了想,最后这个机会就这样被放过了。"

"当然还有第三次机会、第四次机会……"老伴对他说:"老公,我们的一生出现过很多次机会了,不要去怪那个文学大师了,他只是说你有成为一代文豪的可能,但是没有说他会帮助你成为文学家。你是在自己一次又一次的放弃中浪费了机会。"

这个人听完老伴的话之后,感觉非常有道理,

> 莲花种子,荣悴由人。
> 时不相待,珍重珍重!
> ——弘一法师

自己也非常后悔。

老伴则对他说:"如果当时你稍微坚持一点点,稍微努力一点点,那么你就不会像现在这样了,你肯定能够完成属于自己的文学梦。那么我们的生活自然会过得非常有趣和快乐。"

其实我们生活中不断有机会来敲门,如果我们不懂得在这个时候打开门的话,甚至畏惧打开门,那么机会就会被我们拒之门外的。当然,机会总是为那些准备好的人亮着灯,如果我们自身的修养不够、道行不深、准备不足的话,同样不会得到机会的眷顾。

我们来看几个大学生在演讲社团的故事。

赵大磊曾经和其他几个同学一起申请加入演讲社团,社团的社长接见并且准许了他们的申请。后来,赵大磊和其他人一起向社长请教,并且获得了一些演讲的技巧和知识,他们经常在教室里练习演讲。但是过了一段时间之后,除了赵大磊之外,其他同学都获得了演讲的资格,在演讲技巧上也有了精进。有一次他们一行人找到社团的社长,要对社长表示感谢,社长知道了他们的努力以及他们的演讲技巧都有不同程度的提高时,感觉非常开心。

赵大磊为了能够早日获得演讲的资格,于是决定天天来找社长讨教演讲的技巧。但是他非常懒惰,并没有勤奋于演讲的练习中,因此一个月之后,他还是没有获得什么成果。

慢慢地,赵大磊感到社长和那些演讲技巧有长进的同学关系非常密切,他感觉自己被排斥在外了,他心中非常后悔,但他还是无法改变懒惰的本性,依旧将大好的时间浪费在了没有意义的事情上。

社长看到这个情况之后,决定改变赵大磊的习性,他督促赵大磊不断练习。

后来赵大磊在大四快要毕业的时候,还是没有获得演讲的资格,而他的演讲技巧也是非常糟糕,在离别学校的时候,他非常懊恼地给社长说:"我现在终于明白自己当时真的是太懒惰了。"社长对他说："赵大磊你现在才明白过来吗？一个人应该努力却没有努力，那么他就会浪费时间，自然就无法获得宝贵的知识了。当获得知识的机会摆在了你的面前，而你却不知道珍惜，现在才跑来努力，殊不知，你的机遇之门早就关闭了。"停了停他又对赵大磊说："不过现在也还不晚，只要你以后肯努力，在社会上同样可以学到很多知识，但关键是要解除懒惰的毛病。"

平常不知道努力，没有做好面对成功的准备，那么当机会来临的时候自然就无法察觉，甚至可能在这种懒惰的过程中失去了机会。

关于这个道理，弘一法师曾经用莲花种子的成长过程来说明。

莲花的种子发芽不发芽、莲花开得繁盛还是衰败、莲花长大之后的命运这些都是由人来决定的。如果错过了采摘的时机，就什么都得不到了，所以人们应该珍惜机会，将时机掌握在自己的手中，就是得到了天赐的良机。

一个人仅仅看到机遇是不够的，他还需要极力去抓住这个机遇，要通过努力来改变自己的命运，这样自己的人生才能够变得绚烂起来。当然这种人首先是具备了一定的能力，要不然他们也不会成功。

机遇非常珍贵，稍纵即逝，我们应该在平日里不断提高自己的德行和能力，时刻做好准备，然后审时度势，把握好机会这样才能够获得成功。

## ◎ 不可强求于人，只能相助于人

一些人总有强求之心，这其实是一种贪念。很多人都有这种障碍，其实这个时候更应该检点自己，看看是不是自己做得有问题，才生出了这种强求之心。要知道世间很多事情都要随缘，不能勉强。

其实很多时候没有必要强求，只要懂得利用自己所拥有的智慧，那么就可以得到自己想得到的。

曾经在一个私塾中有一个只有7岁的小孩子，他是流浪儿，是私塾老师好心收留了他，还让他在这里读书，大家都叫他小毛孩。年龄大一些的学生都对他非常照顾，时常会帮助他做一些事情，时间久了，小毛孩就习惯了接受别人的帮助。

转眼四年过去了，小毛孩也长大了，回手过去，年龄大的学生就老了？

有一天，正好轮到小毛孩和另一位同学一起去担水，这些年来他们一直是搭档，这位同学因为年龄稍微长一些，所以对他非常照顾，现在小毛孩已经有足够的力气担水了，但是他不愿意帮助曾经帮助过他的这位同学。甚至还嫌弃他走得太慢了，两人在路上耽搁了他的时间。

慢慢地，小毛孩开始嫌弃和这位同学做搭档，于是他找到老师对他说："老师，我现在不想和那位同学一起搭档了，他现在做事情越来越慢了，根本赶不上我的节奏，太耽搁时间了，你还是给我换一个搭档吧。"

老师听完他的话之后，就问他说："你刚来私塾里的时候几岁？"

小毛孩说："7岁的时候。"

老师说："那个时候你能挑动水吗？"

小毛孩说："挑不动。"

老师说："那个时候你能搬得起桌椅吗？"

小毛孩说："搬不动。"

老师说："那时候你的工作是怎么完成的？"

小毛孩说："当时是其他比我年纪大的同学帮我的。"

老师说："当时他可曾嫌弃过你，呵

> 又复当护人心，勿使夸嫌，动用自若，息世杂善。不贪名利，将过归己，捐弃伎能，惟求往生。
> ——弘一法师

斥过你?"

小毛孩说:"没有。"

老师语重心长地说:"每个人都有'有所不能'的时候,都有需要别人帮助的时候,也曾都帮助过别人。你想想再告诉我还需要换人吗?"

小毛孩羞愧地低下了头。

人人都有自己办不到的事情,都需要借助外力然后得以生存,只不过很多人没有意识到这一点罢了。

聪明的人能够借助别人的力量,能够从别人的帮助中汲取智慧,但是又可以很好地处理自己和对方的关系。如果我们能够发现并且借助别人的智慧,那么我们就成功一半了。试想,如果所有的同事和朋友都在你的身边帮助你,那么你的工作和生活岂不是会变得非常得心应手。当然不仅仅是得到别人的帮助,还要时刻惦记着该如何去帮助别人,这样你才会得到别人的尊重。

## 第五课
# 无事时，戒一偷字；有事时，戒一乱字

◎ 稳定情绪，缓和心态

在生活中，我们总是会遇到一些棘手的问题，面对这种情况我们该怎么办呢？越是难处理的事情，我们就越要放松；越是和不好相处的人在一起，就越要宽厚；越是遇到紧急、难以处理的事情时，越要表现出不着急、不急躁的心态。只有这样我们才能够合理处理好突发情况和棘手问题，我们才可以取得良好的效果。

三国时期的卫瓘就是一个在危急时刻还能够保持一份平和心态，不急不躁，周密考虑问题，合理解决突发事件的人。他这样做不但保全了自己的性命，而且剿灭了当时准备反叛朝廷的钟会。

三国末，魏国派出钟会和邓艾为主将、卫瓘为监军一起讨伐蜀国，取得了大胜。钟会和邓艾也因此而立下了功劳，但是两个人相互猜忌，都认为对方有抢功劳的嫌疑。后来，钟会就向魏国朝廷告发邓艾有占据蜀国，然后自立为王的野心。这个时候，钟会的谋臣建议钟会借机除掉邓艾，并且一并除掉卫瓘，然后自己就可以在蜀中为王了，甚至可以成就一番霸业。于是钟会蠢蠢欲动，筹划着谋反。

其实，当时朝廷已经对钟会的反叛意图有所了解，并且秘密命令卫瓘监视钟会。而此时钟会认为如果自己向朝廷揭发邓艾，朝廷就会委派卫瓘去调查，只要等卫瓘掌握了邓艾的罪证，他就可以网罗卫瓘的罪证，这样一举就可以扳倒两个强大的对手。于是钟会找到了卫瓘，旁敲侧击地告诉卫瓘，邓艾的反叛就是事实，如果卫瓘偏袒邓艾，那么就是同罪。此时，对朝廷的密令还不是很明白的卫瓘终于明白了这一切其实都是钟会设下的圈套。

卫瓘看明白了眼前的局势，虽然他知道此时擒杀邓艾肯定对自己不利，但是如果拒绝了钟会的要求，那么肯定会遭受钟会的毒手，他现在是左右为难。他想，倒不如先答应下来，保全自己性命的前提下然后揭发钟会的种种恶行。于是卫瓘假装对钟会唯唯诺诺，表示会服从朝廷的命令，并且当即和钟会约好明天一早就去捉拿邓艾父子。等到了第二天的早上，卫瓘带领着部队来到邓艾家中，下令，凡是能够悬崖勒马站在他一边的人，他就会给活路；而不愿意服从命令，执迷不悟地还要帮助邓艾的人，则和邓艾一个下场，被诛灭三族。这样，邓艾的手下纷纷脱离了邓艾，和卫瓘合兵一处，邓艾父子就这样被卫瓘的军队捉拿了。

钟会看到邓艾父子已经被卫瓘所囚禁，紧接着也将自己不信任的所有将领全都关起来，将兵权掌握在了自己的手中。此时他威逼卫瓘亲手杀死邓艾父子和那些不听话的将领。卫瓘一边假装答应了钟会的要求，一边借口最近几天操劳过度，身体情况很差，需要休养几天，等到他身体稍微好一些的时候再去处理这件事情。卫瓘这样拖延着，然后想办法通知那些有实权的将领们，钟会的谋反实情。不过，钟会对卫瓘监视得非常严密，丝毫没有机会通知那些将领。为了能让钟会放松警惕，卫瓘故意喝下了很多盐水，然后吐了好几天，身体变得更加虚弱了，看起来真的像得了一场大病一样。钟会虽然疑心卫瓘在拖延时间，但是看到卫瓘这种情况，也就放松警惕了，于是也不再顾忌卫瓘。

卫瓘看到时机已经成熟，于是联络各

> 严着此心以拒外诱，须如一团烈火，遇物即烧。宽着此心以待同群，须如一片春阳，无人不暖。
>
> ——弘一法师

个将领，将钟会谋反的事情宣布了出来，要求在第二天清晨他们一起发兵围攻钟会，就这样钟会也被卫瓘擒杀了。

在我们的生活和工作中同样会遇到很多无法预测的事情，当这些事情出现的时候，就是对我们的一次考验。卫瓘在遇到突发事件的时候丝毫没有急躁，而是让紧急的事情缓和下来，然后从中找到了解决的办法，从而化解了危难。

其实我们的生活和工作中遇到这种事情的话，也应该保持冷静，稳定好自己的情绪，保持一个清醒的头脑。有些时候拖延也是一种解决问题的办法，如果过于急躁，就会更加混乱，不但找不到解决问题的办法，反而生出更多错误，让事情变得更糟糕。

# 第六课
# 做事必先审其害，而后计其利

◎ 办事情要看得远一些

《诗经》中有一首名为《鸱鸮》的诗歌，写的是一只母鸟在失去自己的雏鸟之后，没有放弃生活，而是更加辛勤地筑巢，为自己将来的生活做准备。其中写道："迨天之未阴雨，彻彼桑土，绸缪牖户。今女下民，或敢侮予！"也就是在说，母鸟要在还没有下雨的时候就筑好巢穴，用一些桑根缠紧了鸟巢的空隙，这样会让巢穴更加坚固，也就不会担心任何侵害了。

一只母鸟尚且可以有防范危机的心态，那么人又该怎么做呢？

商朝末年，周武王灭掉了商纣，并且将管叔、蔡叔和霍叔分封在商都附近的郊野，他们的工作就是监视商朝的遗民，号为三监。等到周武王死后，年轻的周成王即位，因为他年纪尚小，所以只能由叔父周公来辅政，三监对这件事情非常不满意，他们为了泄愤，同时为了夺回权力，他们三人到处散播谣言说，周公会对周成王不利，会做出一些不好的事情来。

周公知道这件事情之后，为了躲避嫌疑，只好带着自己的家眷离开了京城，居住在洛邑。时隔不久，管叔、蔡叔和霍叔三人联合殷纣王的儿子武庚密谋造反，周公这个时候才出山，接受周成王的号令，举兵东征，最后他杀死了管叔和武庚等人，一举收服殷朝遗民。

在周公彻底平定了这场叛乱之后，他心有所感，于是写下了这首《鸱鸮》送给了成王。他借助母鸟的行为来讽刺周成王，并且劝诫周成王应该有危机意识。

> 将事而能弭，遇事而能救，既事而能挽，此之谓达权，此之谓才。未事而知来，始事而要终，定事而知变，此之谓长虑，此之谓识。
>
> ——弘一法师

周成王在看到这首诗之后，虽然心中有所不满，但是也知道周公的话非常有道理，所以也就没有责备他。

这个故事其实就是在告诉人们，做任何事情一定要为长远考虑，做事情要懂得防患于未然。只有这样，当出现问题的时候才能够及时应对，才不会手忙脚乱。

假如我们平常做事情就能够深谋远虑，那么任何情况的意外就不能算做是"意外"了。

当任何事情还没有发生，或者已经发生的时候就要做好准备，然后看得远一些。这样才能够让自己在事情面前有备无患。聪明人具有理智，但是理智并不是一定要等到危难的时候才拿出来用。聪明的人懂得用自己的理智和智慧来预测未来，然后让自己在处理事情的时候变得更加稳妥和从容。

事情已经发生了然后再去思考，这样就显得有点"马后炮"了。

## ◎ 懂得放弃的奥妙

如果一个人背着一个行囊，他总是将这个行囊装得很满，那么他就会感觉很累。而如果一个人的一生背负了太多这样的行囊，他就会拖着疲惫的身躯走在人生的道路上，他什么都不愿意放弃，那么他最终会失去很多。其实很多时候，果断放弃才是最好的选择。

人们对于一些没有必要背负的东西早一天放下，就会早一天轻松，早一天自在。

曾经有一个旅友去哪里都喜欢独来独往，他不喜欢和别人结伴，就算是路途多么遥远，事情多么难处理，他都喜欢一个人去做。但是有一次他在旅途中出了意外，他不小心掉进了深谷中，就在这生命危急的时刻，他伸手抓住了深谷边上的一根枯藤，算是保住了自己的性命。

但是这个人悬在半空中，上不得，下不得。危险随时都有可能发生，就在这危急时刻，他突然看到另一位旅友就站在不远的悬崖边上，于是他向对方求救，他说："我亲爱的朋友啊，求您来救救我吧，我被困在这半山上快要掉下去了，以前可能我太过于孤僻了，但是现在还请帮助帮助我啊。"

> 日常生活中要警惕，名利不是好东西，要舍弃。贪、嗔、痴害不了别人，只害自己。
> ——弘一法师

那位旅友则微笑着说："我之所以来就是为了救你的，现在你只要听我的话，我就有办法救你上来。"

这个人说："我亲爱的朋友啊，我完全听从你的安排。"

那位旅友于是对他说："那么好，现在

你就放开你的手。"

这个人听到之后吓了一跳，因为他想到：下面就是深不见底的万丈深渊，你让我放手，那岂不是要摔得粉身碎骨，他这不是在害我吗？他想到这里的时候就说："朋友啊，你还是想想其他办法吧，这怎么可以？"

那位旅友看他执迷不悟，只好摇摇头离开了。

其实当时只不过是因为天气太黑，这个人没有看清楚情况，但是他只是离地面几米而已，下面全都是厚厚的沙土。

其实很多时候放手，未必就代表着死亡。很多时候只有"舍"了，才能够"得"。"舍"和"得"很多时候都会并存，要知道放手也是一种学问。

人的一生不能患得患失，鱼和熊掌不可能兼得。当你抓住一件事情不肯放手的时候，你或许会拥有这个东西；但是如果你愿意放手了，表面上看你失去了这个东西，而实际上你获得的会更多。如果任何事情不肯放下，那么人生的道路会越走越窄。

# 第七课
# 处事大忌急躁，急躁则自处不暇，何暇治事

## ◎ 戒骄戒躁成就非凡

　　始终坚持自己善良的本性，就能达到心灵安定的境界；收敛自己浮躁的情绪，心地就会变得平和。很多人身上都有浮躁的毛病，一个浮躁的人做事情总是会精神涣散，无法真正做到静心思考问题。如果做事情总是半途而废，那么就无法成就一番事业了。所以弘一法师一再告诫人们做事情不要浮躁，要不然只能自食其果。

　　曾经有这样一个故事。

　　一个师父要收一个徒弟。这个师父收到徒弟之后第一件事就是让徒弟扫地。有一天，有人来拜师，师父什么话都没有说，就让对方去扫地了。过了一会儿，这个徒弟进来说，自己已经将地扫好了。师父就问："那么有没有扫干净呢？"徒弟很自信地回答说："已经扫干净了。"师父还是不放心，然后又问道："你真的扫干净了？"徒弟想了一下，然后说："真的扫干净了。"这个时候师父沉下脸说："好了，你可以回家了。"徒弟非常奇怪，心里想："怎么回事，我刚到就不收我了？"师父还是很坚决，一定要让他离开。

　　原来，这位师父在房间的犄角旮旯里丢放了一些铜板，看到徒弟能不能扫出来。那些做事情心浮气躁的人或者偷奸耍滑的人都只懂得在表面上做文章，自然

不会扫到犄角旮旯里的铜板。师父也正是因为这样的缘故识破了所有的徒弟。当然如果这些徒弟捡到了铜板而没有交出来，那么他就更要被师父驱逐了。

美国成功学家马尔登曾经说过：做事情马马虎虎的人，就算是一个百万富翁没有几年时间也会倾家荡产的；而一个人如果能够认认真真做事，就会取得成功。为此他还给人们讲过这样一个故事。

旧金山的一位商人给休斯顿的一个商人打电报，他写道："有1万咖啡豆，单价是2美元，价格高不高，买不买？"休斯顿的这个商人看到之后，并不想买，原本打算写电报为："不，太高。"但是在写的时候忘记了一个标点符号，结果变成了"不太高"。结果他的一个标点符号就损失了2万美元。

马尔登讲道："生活中成千上万失败者都有一个共同的特点，那就是浮躁、粗心。"现实生活中的确有很多人因为心浮气躁的原因而丢掉自己的工作。

而做事认真则能够让一个人获得成功。法国大作家大仲马有一个朋友，他给出版社投稿的时候经常被拒绝，于是这位朋友来向大仲马请教。大仲马给这位朋友的建议很简单，他说："请一个比较职业一点的抄写手将你的文章认认真真抄写一遍，然后再把题目做一定修改。"这位朋友听从了大仲马的建议，结果他的文章被很多出版社看中了。其实就算文章写得很好，如果书写潦草的话，同样不会得到人们的肯定。

《书摘》杂志曾刊登过一篇文章，题为《风格与耐性》，在这篇文章中讲道，金钱一旦成为衡量价值的唯一标准，那么我们人类就开始变得浮躁起来。这篇文章的作者说，维也纳的伯森多费尔钢琴最初只是一个小工厂里的产物，后来因为李斯特的原因而扬名，但是成为名牌之后的一百年里，他们始终以传统手工艺为主，生产一

> 敬守此心，则心安。
> 敛抑其气，则气平。
> ——弘一法师

台专用的三角钢琴需要 62 个星期。

其实，做事浮躁并不仅仅让我们失去了一份认真工作的态度，而且让我们失去了和成功结缘的机会。我们只有彻底改掉心浮气躁的毛病，做事情认认真真，我们的人生才能够焕发出炫目的光彩。

## ◎ 工作中还需要休息

我们只有懂得适当的休息，才能够得到快乐，不要总是忙忙碌碌，要让我们的生活有一个休息的时间。

比如我们有一双非常漂亮的鞋子，但是因为喜欢而天天穿，使得这双鞋不到半年的时间就磨坏了。而我们拿着这双鞋到鞋匠那里去补，鞋匠肯定会说："这鞋子的确很不错，但是因为你天天穿，让鞋子的皮革和材质没有得到休息，那么鞋子的寿命自然就要大打折扣了。"

其实这和种庄稼一样，如果在同一块田地上年复一年地种相同的一种作物，那么这块地上的产量慢慢就会变得非常低了。

对于我们的健康来说，最重要的就是休息。土地需要经过一年时间的休息才能够发挥出最大的效益。而人也是一样，不能天天紧绷着，这样不益于自己的发展。我们需要遵循大自然的法则，只有休息好，才能够保持健康的身体、愉快的情绪，这样做事情才能够做得更好。很多人之所以能够做出惊人的成绩，并不是因为他们牺牲了休息，恰恰相反，他们非常重视休息，才拥有了健康的体魄和旺盛的精力，这些都是他们成就事业的基础和本钱。

如果不注意自己身体的休息，久而久之就积劳成疾，这样肯定会影响到工作，又怎么可能有一番作为呢？

张晓丽在一家很不错的私企工作，已经有5年时间了。一般情况下，每年都有7天的年假，但是最近的三年时间里，张晓丽因为工作忙的关系一直没有休息过。其实她也想休息，但是他们的负责人说因为工作的压力比较大，所以他们部门暂时停止休年假。看到其他部门的人都在休年假，张晓丽心里就像猫抓一样。但是没有办法，因为他们部门的人工资都相对较高，似乎没有年假成为了正常情况。其实张晓丽不休年假还有自己的原因，她想："我们销售部的竞争非常激烈，假如自己去休五天的年假，等到回来说不定自己很多客户就成了别人的客户，我不愿意冒这个风险。"

> 物忌全胜，事忌全美，人忌全盛。
> ——弘一法师

其实，在我们的现实生活中，和张晓丽一样情况的大有人在，迫于生活压力和公司制度，他们在繁忙的工作中无法得到休息，最终的结果只能是让自己累趴下，一旦进了医院，工作自然还是要丢下了。

一些资深心理专家认为，职场中的人应该拥有一个优质的假期，这样可以帮助我们处理日常工作中无法处理的事情。这样我们就可以摆脱生活中消极的一面，能够主动面对生活。而此时就会发现无论生活还是工作都没有那么糟糕。

# 第八课
# 处逆境，心须用开拓法；
# 处顺境，心要用收敛法

## ◎ 时刻牢记忧患意识

任何人都应该有忧患意识。我们要时刻提醒自己不要被眼前的太平景色所迷惑，我们要做到"得意而忧，逢喜而惧"，只有这样才能够防患于未然，让自己长久享有已经得到的好处。

汉景帝有一个妃子姓王，这位王夫人是一个非常有心计的人。后来她为汉景帝生了一个儿子刘彻，但是栗姬之子刘荣已经先一步被立为太子，因为这件事她茶不思饭不想，整天琢磨着如何让自己的儿子成为太子。

王夫人的家人来到宫中探望他，看到她日益憔悴、心事重重的样子就问她说："娘娘难道是生病了吗？你养尊处优，怎么可能脸色如此难看？"王夫人对自己的家人说："我是为我的儿子刘彻担心。这可是我的心病啊。"家人对此不是很了解，于是王夫人说："我们母子虽然现在过得很不错，但是时间久了恐怕性命难保。栗姬心胸狭窄，为人刻薄，一旦他的儿子做了皇帝，怎么可能容得下我们母子？到那时我们母子只能任人摆布了，你说我能不担心吗？"

王夫人的家人听完之后，出主意说："娘娘如果想要保全自己，就要让刘彻做太子。不过这件事情非常难办，娘娘可以找机会向皇帝告栗姬的状，只要他倒了,太子之位自然就是刘彻的了。"王夫人思考了一会儿说:"栗姬是一个性格火暴的人,如果状告她的话,说不定会搞得两败俱伤,皇上最讨厌的就是妃子之间的纷争,我还是再想其他办法吧。"

> 咎之来,未有不始于快心者。故君子得意而忧,逢喜而惧。
> ——弘一法师

时间不久,汉景帝的姐姐长公主突然有事情找王夫人。等到见到长公主的时候,长公主非常热情,对王夫人说:"我的女儿现在已经长大成人了,我本来想把女儿许配给太子的,没有想到栗姬居然拒绝了我的要求,后来我想刘彻一表人才,不知道你愿意结成这门亲戚吗?"王夫人一听非常高兴,于是计上心来,她知道汉景帝对长公主非常尊敬,现在只要他们结成了亲家,以长公主为后院,扳倒栗姬也就大有可能了,而且现在长公主对栗姬也心存不满。于是,王夫人非常痛快地答应了这门亲事,如此一来,长公主和王夫人的关系就非常亲近了。她经常会给汉景帝讲王夫人和刘彻的好话。

慢慢地汉景帝也开始怀疑栗姬,为了考察栗姬的品行,有一天汉景帝装病对栗姬说:"人都有死的那天,等到我走的那天,我的所有儿女就要托付给你了,你对他们要视同己出,要照顾好他们啊。"栗姬当时不明白汉景帝的用意,只是说:"我儿我会对他很好,但是其他妃子的孩子我尽力就是了。"汉景帝听完这句话之后非常吃惊,他从此开始憎恨栗姬的薄情寡义。

栗姬在太平景象下丧失了忧患意识,她无异于自毁前程。很多人在处于快乐的环境中时往往会消磨自己的意志,没有任何上进之心,总是得过且过,怎么可能还有奋发图强的心态?其实安逸就像是毒酒一般,虽然味道很甜美,但是最终却能要了我们的命。

## ◎ 主动化解别人对自己的欺侮

当面对别人诽谤的时候，与其和他争辩，还不如宽容于他；而面对别人的欺侮时，与其极力防止，还不如主动化解。

在生活和工作中，我们可能要面对别人别有用心的欺侮，很多人面对这种情况的时候，都会表现得非常生气，甚至要以牙还牙以此来维护自己的尊严。但是这样不但不能解决问题，只能让双方的积怨加深。其实这种做法非常不理智。弘一法师用"人之侮我也，与其能防，不如能化"这句话来启示后人，教导我们面对别人的欺侮应该主动找办法化解，这样对双方都有好处。

东晋末年，索邈和家人从敦煌一路逃难到了汉川，终于居住了下来。当时汉川别驾姜显凭借着自己手中的权势极力欺压索邈，甚至经常羞辱他。但是索邈能够忍受，一直没有和他抗争，就这样索邈一家人在汉川居住了15年。到了晋安帝义熙九年（413年），索邈被任命为梁州刺史，镇守汉川。这个消息一传到汉川，那些欺负过索邈的人都非常惶恐，尤其是姜显。

姜显对家里人说："我以前那么羞辱过索邈，现在他做了大官，我想我的命要保不住了。"姜显于是惶惶不可终日，他非常担心索邈来报复他。

等到索邈上任的那天，姜显赤裸着上身，让别人捆住自己，然后在路边迎接索邈，索邈看到这一幕之后非常吃惊，慌忙下轿为姜显松绑，然后安慰他说："过去的事情已经过去了，那些事情我们都不要放在心上。"说完之后，又让手下人拿来衣服递给姜显，非常温和地说："现在穿上衣服吧，小心着凉。"

索邈对姜显曾经欺侮过他的事情丝毫不计较，而且他对待姜显非常诚恳，丝毫没有虚情假意，真的就好像任何事情都没有发生一样。姜显则对自己以往的做法非常后悔，面对索邈的宽容，他追悔莫及。后来有人说索邈太过于老实，而索邈则对此并不反驳，只是微微一笑。

其实，索邈并不是懦弱的表现，相反，他的行为中蕴含着极大的智慧。他知道，如果他将姜显的事情放在心上，那么只能让自己的情绪变得非常糟糕，不但会让自己和姜显之间的关系紧张，甚至整个汉川都很有可能被他们搞得天翻地覆。他们两人同在汉川为官，和睦相处才是最重要的。面对姜显曾经欺负过他的事实，索邈选择了忘记，这其实是一种极高的智慧。

宋朝时的吕夷简和范仲淹同样有过化解这种关系的事例。

宋仁宗时期，吕夷简担任宰相，当时吕夷简和范仲淹在用人和任政方面有不同的见解，范仲淹曾经指出过吕夷简的短处。当时范仲淹向宋仁宗献了一幅"百官图"，在这幅图中他将官员的升调情况做了一个详细的分析，他说："进退近臣，凡是超格的，不宜全部委于宰相一个人裁决。"同时范仲淹还指出："汉成帝偏信张禹，不怀疑外戚舅家，所以才有新莽之祸。臣恐怕今日也有张禹，破坏陛下的家法。"

范仲淹的意思很明显，他认为今日的吕夷简就是当年的张禹，这种评价对于一向忠心耿耿的吕夷简来说无疑是一种莫大的羞辱。所以生性耿直的吕夷简听完之后非常生气，他说："你这是离间陛下君臣，所用的策略都是朋党之法。"本来"朋党"一词也存在羞辱的意思。也正是因为此，两个人结下了怨仇。

但是难能可贵的是，吕夷简并没有全盘否定范仲淹，他知道范仲淹是一个德才兼备的智者，在后来他还向宋仁宗推荐范仲淹说："范仲淹其实是一个贤人，朝廷应该委以重任。"后来宋仁宗果然任命范仲淹为龙图阁学士、陕西经略安抚使。而吕夷简的长

> 人之谤我也，与其能辩，不如能容。人之侮我也，与其能防，不如能化。
> ——弘一法师

者风度也赢得了很多人的尊敬。

后来，在宋仁宗的撮合下，吕夷简和范仲淹冰释前嫌，当时范仲淹顿首泣谢，而吕夷简也检讨自己说："夷简岂敢以旧事为怨呢？"就这样两个人消除了以往的成见，都尽心尽力为朝廷做事，成为了国家的栋梁之才。

当我们遭遇到别人的欺侮时，我们大可不必太在意，我们应该懂得放下，然后努力去寻找化解欺侮的办法，这样一来，对双方来说都是好事。

## 第六讲　接物

待人接物是生存沟通的最基本法则,但是很多人在待人接物的时候很容易忘记一些重要的原则。待人接物的时候一定要把握自己的本性,切勿因为自己的一时迷糊而忘却了仁义之心,而且一定要给自己和别人留足余地。

# 第一课
# 无辩以息谤，不争以止怨

◎ 做人要懂得信义

诚信是一个人人格的标志，从古至今人们都非常重视诚信的作用，一个有诚信的人能够得到别人的尊重，而这样的人也更容易获得朋友以及最后的成功。

在春秋时期，晋献公的儿子重耳一路逃亡最后到了楚国，后来楚国的成王接见了重耳，他认为日后重耳必定成一番气候，所以对他非常敬重，而重耳同样非常敬重成王，于是两个人成了很好的朋友。

有一天，楚王设宴招待重耳，两人喝酒聊天，当时的气氛非常融洽。忽然楚王问重耳说："假如你以后回到晋国做了国君，你打算怎么报答我呢？"重耳稍微一思索说："我认为你不会看重美女侍从、珍宝丝绸，因为这些你都有；而珍禽羽毛、象牙兽皮你更不会在乎了，因为这些东西本来就是楚国的特产。晋国有什么好东西能够献给大王呢？"楚王则说："公子太谦虚了，话虽然这么说，但你终归要给我一些表示吧？"重耳笑着回答说："如果托您的福我能够回到晋国并且当政的话，那么我愿意和贵国永世修好。万一两国之间发生了战争，那么我会退避三舍，如果还不能解决问题，那么我才会和贵国交战。"

没想到，四年之后，重耳果真回到了晋国并且做了国君，他就是历史上著名的晋文公。晋文公励精图治，把晋国治理得井井有条，晋国也逐渐强大了起来。当时是战争年代，群雄四起，发生战争也是难免的事情。

> 心不妄念，身不妄动，口不妄言，君子所以存诚。
> ——弘一法师

公元前632年，晋国和楚国之间有了不可调和的矛盾，当时楚国已经非常强大，楚国的统军大将率兵直逼晋国。而在这个时候，晋文公居然下令后撤，晋国的一些士兵对此非常不解。

晋国大将狐偃对他们解释说：「当年楚王曾经帮助过主公，主公当时就许下诺言，一旦两国发生战争，我们会退避三舍。如果我们失信于他们，那么就是我们理亏了。如果我们现在退兵了，他们还不肯罢休，那么就是他们理亏，到时候我们就可以和他们交手了。」

果然，晋国的军队一口气退了90里地，摆好了阵势。楚国的一些将领看到晋国军队后退，想起了当年的誓约，准备停止进攻，但是成得臣并不答应，他继续率领军队步步紧逼，一直追到了城濮。成得臣还派人给晋文公下战书，语气非常傲慢。晋文公则派人回答说：「贵国对我的帮助我一直记着，所以我才退避三舍，一直退到了这里，现在你们还不肯罢休，那么我们只能在战场上相见了。」

成得臣是个骄傲自大的人，他完全没有将晋国军队看在眼里。在一场战斗中，晋国的军队故意后退，他们还在战车上绑上树枝，后退时就起了很大的尘土，给人感觉非常狼狈的样子。成得臣真的以为晋国军队败退了，所以肆无忌惮地追了上去，结果中了晋军的埋伏，晋军的精锐部队猛冲过来，将成得臣的军队拦腰截断，之前假装败退的晋军又回转过头来，然后一路厮杀，成得臣的军队藏都没有地方藏。此时晋文公下令只要将楚国的军队赶跑就是，成得臣也因此而留下了一条性命。

晋文公是一个极看重信用的人，他最后的成功和信用有很大的关系。我们应该时刻牢记"心不妄念，身不妄动，口不妄言"。

## ◎ 不去辩解别人的诽谤

面对别人的诽谤最好的办法就是不要理睬、不要辩解；而面对别人的怨恨最好的办法就是不要争辩。

很多时候，面对别人的诽谤和怨恨我们极力争辩会发现根本不会得到好效果，反而会让事情变得更糟。

弘一法师一贯强调"不辩自明"的道理，他始终强调不要为自己所受到的诽谤去辩解。

1936年12月，弘一法师由鼓浪屿日光岩寺移住厦门南普陀寺。有一天他在无意中看到了高胜进在厦门《星光日报》为自己出了特刊，文章中对他的生平事迹做了一些介绍。弘一法师并没有说什么，到了晚上他才皱着眉头给自己的弟子说了一些发人深省的话，他说："虽然他们是出于好意，但其实是对我的诽谤。古人说'声名是诽谤的媒介'，现在估计我也无法在闽南容身了。"说完之后他沉默了一会儿，然后转了语气说："如果别人对我们进行诽谤，切记不要着急辩解，我们在辩解的时候，其实受到的损失会更大。"

弘一法师还在日本的时候，为了要公演《黑奴吁天录》，他曾读过美国南北战争的历史，在那里他看到黑奴解放的林肯曾经说过："如果我要将报纸中对我的诽谤全部看完，那么我就没有时间和精力去处理该处理的事情了。我的这个办公室也就到关门的时候了。我认为是善良的事情，我就会做下去。如果一件事情的结果是对的，那么哪怕人人都说我的坏话，对我本身来说也没有什么损害；而如果我做的事情结果是错的，那么就算是有十个天使称赞我，也没有什么价值。"

还有一次，是在1937年晚春时期，弘一法师接受邀请到青岛。他就将自己不辩解的理论讲给别人听。他讲道：人要是受到了诽谤，尽量不要去辩解，因为辩解得越厉害，会让诽谤变得更深。就好比有一张白纸，偶然沾染一些墨汁，如果你不去动它，那么他最终也就是那么一点墨汁，但如果你一直动来动去，那么最后墨汁四散开来，玷污的面积就会越来越大，最终弄得整张纸都是。

> 何以息谤？曰：无辩。
> 何以止怨？曰：不争。
> ——弘一法师

弘一法师的见解非常精辟，当然如果没有切身体验这种见解是无从得来的。其实在生活和工作中遇到褒奖和贬低都是很正常的事情，我们对这些事情都不应该介怀。虽然这一点很难做到，但是时间久了，就会发现这种做法的确会有优势所在。

# 第二课
# 以仁义存心，以忍让接物

## ◎ 学会稳重成就非凡

曾经有一个知识渊博的师父开馆收了几个徒弟，他每天都非常认真地教徒弟们学习知识，并且教给他们做人的道理。下面我们来看一下这位师父手下的几个自认为非常聪明的徒弟们的故事。

在师父出去的几天里，几个自认为聪明的徒弟对师父的其他徒弟说："我们已经非常聪明了，一方面我们能够实践我们的想法，另一方面我们还非常博学，我们现在还可以想到很多事情，而且能够做到很多事情，我们的知识已经非常博学了。我们现在就算是想要开馆收徒也是一件非常容易的事情，我们随时都可以取得巨大的成功。"

听到他们的这些话，那些本来很聪明，但是又很老实的徒弟们禁不住说："听起来你们果然知识非常渊博了，那么取得学业上的成功应该不是什么难事了。"

这一天，师父从外面回来了，这些徒弟们一起去拜师父，他们非常恭敬地坐在师父的身边。

师父看着他们，然后问他们说："徒弟们，我不在的这段时间里，你们有没有认真复习功课？"

这些徒弟们不约而同地说:"通过最近一段时间的学习,我们已经取得了不错的成绩,我们的知识也得到了显著的进步。"

师父其实已经知道了徒弟们在自己不在的时候说的话,于是对他们说:"徒弟们,你们是不是认为只要每天看几遍书就可以取得优异的成绩,就可以获得渊博的知识?你们是不是认为自己的知识已经非常足够了?现在可以高枕无忧,不用学习?其实你们的想法不完全。如果你们不懂得稳重做人,那么最终也得不到成功。"

> 不近人情,举足尽是危机;不体物情,一生俱成梦境。
>
> ——弘一法师

弘一法师也认为轻狂会导致我们的失败,我们应该锻造稳重的性格和品质,因为轻狂和自傲的确是阻碍我们通往安宁和清静的重要因素之一。

那么,到底什么是稳重呢?其实心态上的沉静和庄重、不轻浮是稳重的一种表现;做事情时的谨慎踏实也是稳重的表现;遇到事情能够周密思考,合理处置也是稳重的表现;对待别人能够以一种成熟的心态面对同样是稳重的表现……稳重的人能够让别人放心,能够获得别人的信赖,会让人感觉是可靠的人。

和轻狂比起来,稳重是一种大智若愚,虽然有一些人认为稳重的人做事情有点迟缓,但是如果遇到事情不做充分的考虑,那么会导致最终的失败。虽然这种情况表面上看起来有点迟缓,但是总体来说会使事情很容易得到解决,犯错误的概率也会较小。一个态度轻狂的人遇到事情总会变得心浮气躁,会给别人留下思想肤浅、行为轻浮、处事不仔细认真的印象。

如果一个人没有学会走路就开始学习跑步、没有把眼前的基本功夫打扎实就想着一跃升天,这样做会给自己留下很大的隐患,最终会导致自己犯错。

所以弘一法师一直拒绝轻狂,提倡做人应该稳重。如果一个人说话总是口出轻狂之言,那么最终会得不到别人的敬重。沉稳的人在做事情的时候非常有分寸,也就是我们经常说的"小心驶得万年船",我们一旦具有了这种品质,自然就不会随便失败。

当处理一件事情的时候，我们要想清楚做这件事情有多大的必要性，已经有几种办法可以完成这件事情，甚至还要考虑清楚做这件事情的风险有多大，有几成成功的把握，失败了怎么办，等等。面对一件事情思考得越清楚，那么失败的可能就越小，成功的可能就越大。这种做事情的风格其实就是稳重。

我们为自己设定一个目标，那么我们会不会内心急躁？如果急躁就需要自省，先找到自己急躁的原因，到底是害怕失败还是急着想要成功。当我们自省之后会发现自己可以冷静下来了，自然就不会急躁了。

如果一个人想要获得真正的安宁和清静，那么一定要培养自己稳重的性情，这一点非常重要。

## ◎ 说教也要讲究一定的策略

当我们看到别人有错误的时候，就要指出他的错误从而让他内心深处感到愧疚，如果这样做了，哪怕是小人也会变成君子。如果对于别人的错误采取过激的行为，那么就算是君子也很有可能变成小人。

对于犯了错误的人，很多人会选择呵斥的方法，将对方痛骂一顿，给对方一点颜面都不留。其实这是最为极端的一种做法，指出别人的过错本来对别人来说是一件好事情，但是你的行为让你的好心变成了歹意，犯错误的人不但不会感激你，反而会憎恨你。而且你这样做他的错误肯定不会得到改正，甚至会让对方在错误中越陷越深。我们应该以一种平和的心态对待别人的错误，然后帮助别人改正错误。

宋朝时期的大文豪苏东坡接受过非常好的家庭教育。这些优越的条件为苏东坡之后的成才奠定了基础，起到了很大的作用。苏东坡在成年之后不但对诗词歌赋很有造诣，而且绘画音律也很精通。

> 吕新吾云：愧之则小人可使为君子，激之则君子可使为小人。
> ——弘一法师

苏东坡曾经在湖州做了三年官，等到他回京城的时候，他先去拜访王安石，他去的时候王安石正在午休，苏东坡就在他的书房里等待。这个时候苏东坡在书房里看到了一幅没有完成的书稿，题目是《咏菊》，上面却只有两句，"西风昨夜过园林，吹落黄花满地金。"苏东坡看到之后非常惊异，因为西风一般指秋风；而黄花则是菊花，菊花在深秋盛开，秋风又怎么能吹落呢？苏东坡想王安石满腹经纶，没有想到也有"智者千虑必有一失"的时候，他感觉非常遗憾，于是随即下了两句："秋花不比春花落，说于诗人仔细吟。"等写完之后，又在书房中等了一会儿王安石，但是王安石仍旧没有醒来，他就直接回去了。

等到王安石醒来之后，第一时间就想起了自己的《咏菊》还没有完成，于是他就到书房中看到自己的诗居然已经完成了。仔细一看笔迹，就知道是苏东坡写的。他看完之后虽然认为苏东坡写得不错，但是总感觉他过于放肆，心想苏东坡没有做任何的调查就随意乱写，这种做事态度以后怎么可能担当重任？于是王安石决定借助这件事情教训一下他，让他悟出一些道理。于是王安石命人查看了现在所缺的官职，然后奏明皇上让苏东坡做了一个黄州团练副使。

苏东坡到黄州之后，因为他的官职实际上是一个虚职，所以他整天没有事情做，于是和朋友们经常游山玩水，不想一年就这样过去了。有一段时间刮了好几天的大风，等到风息了之后，有一个友人来访问苏东坡，苏东坡正好想起院子中的菊花正开得好，所以和朋友一起去赏菊，等到了花棚中，苏东坡惊呆了，因为他看到菊花全部落了，满地都是金黄色，他这才明白了王安石的诗歌。

不久，苏东坡因为一些公事再次来到京城，他特意去拜访了王安石，见到王安石之后，苏东坡跪拜之后说："学生在黄州已经目睹了秋落的黄花，才知道自己的知识还有待提高。从今天开始我一定会谦虚谨慎,再也不随意卖弄文采了。"王安石看到苏东坡已经明白了自己的用意,于是连忙扶起苏东坡然后说了很多勉励的话。

其实教育别人有很多方式,怒斥是一种,但显然是最愚蠢的一种方法;滔滔不绝的说教也是一种,显然这一种也不会得到很好的效果。像王安石这样在不动声色中教育了别人,还为别人保全了面子,可以说是最成功的教育了。他的这种教育方式以无声胜有声,受教育的人也会牢牢记住自己的错误,并且非常乐意接受对方的意见。

## 第三课
## 恩怕先益后损，威怕先松后紧

◎ 懂得奉献，收获快乐

很多人因为追求了错误的东西而痛苦。

曾经有三个人满脸惆怅地去找智者，希望智者能够教给他们如何活得快乐。

智者知道他们三个的来意之后，就说："那么你们先告诉我，你们活着的目的是什么？"

其中一个人说："我活着的目的就是为了等待死亡。"

另一个人说："我活着的目的是为了在老年的时候能看到我子孙满堂，能够享受这种天伦之乐。"

最后一个人说："我活着的目的是为了养活我的一家人。"

智者听了他们三个人的话之后，就笑着说："你们活着有些人是因为害怕死亡、有些人是为了享受天伦之乐、有些人是出于自己的责任，其实你们对于生活都没有热情，你们对自己的生活没有理想。一个人如果失去了理想，自然就无法获得快乐了。"

三个人听完智者的话之后，都不知如何是好。

其中一个人说："那么，我们想请教智者，到底我们该如何获得真正的快乐呢？"

> 真正的感情应该不是占有，而是一种奉献。
> ——弘一法师

智者对他们说："你们想要得到快乐，那么你们先要告诉我，什么能够让你们快乐呢？"

于是，第一个人说："我认为只要有钱我就会感觉非常快乐。"

第二个人说："我认为有一份属于自己的甜蜜爱情是最快乐的事情。"

最后一个人说："我想获得很好的权力和地位，这样我会非常开心。"

智者听完他们的话之后，摇了摇头说："我现在明白你们为什么不快乐了。因为你们根本不理解快乐，你们不知道什么能够让你们快乐。你们追求的东西是错误的，所以你们不会得到快乐。如果你们拥有了刚才说的金钱、爱情、地位和权力之后，你们的烦恼又会出现，你们到那个时候还是无法快乐。"

三个人听完之后，都吓得不知所措，于是他们问道："那么，请告诉我们，我们该怎么办？"

智者对他们说："你们首先要改变自己的观念，有了金钱你们要懂得施舍，这样你们就会得到快乐；有了爱情，你们要懂得奉献那么你们也会快乐；有了名誉、地位和权力，你们要想着为大众带来快乐，那么你们也会快乐。"

很多人之所以痛苦，就是因为他们没有领会活着的真正价值。真正的快乐来源于奉献、来源于为大众服务。

人们一旦想明白了这些道理，就可以找到自己活着的真正价值，自然会明白生命的真谛，从而获得真正的快乐。

# 第四课
# 处事须留余地，责善切戒尽言

◎ 时刻注意自己的言辞

　　一个人如果面对别人严厉的言辞而不动怒，那么这个人要么心胸特别宽广，要么就是一个城府很深的人。当我们在使用过激的语言时需要慎重，如果我们遇到的是一个心胸宽广的人，那也就算了；如果我们遇到的是一个城府颇深的人，或许给我们带来杀身之祸。

　　战国末年，嬴政刚刚即位的时候，不管是对臣子还是对百姓都非常谦恭；只要对方是人才，根本不会在乎对方的出身和经历，都会听取对方的意见。他的这些举动使得手下人对他非常尊敬。

　　公元前236年，各诸侯开始联合抗击强大的秦国，当时最主要的是韩、魏和赵三国，他们是秦国最大的敌人。当时燕国和赵国是邻居，如果他们联合起来抗击秦国，那么必定会对秦国造成很大的威胁，为了离间他们，秦王嬴政听取了一个叫做顿弱的人的意见。

　　顿弱只不过是秦国一个非常普通的平民，但是他非常聪明，而且对很多事情都有自己的见解，不仅如此，他还善于利用离间计。嬴政听说这个人之后就找到他希望他能够给予一些建议。但是顿弱担心嬴政未必是真的要听他的见解，毕竟他只是一介草民。于是他故意让别人传话说:"我从出生以来就不会给别人下跪参拜,如果您能够免除我下跪参拜,我就可以去见您。"没想到嬴政丝毫没有生气,而是非常爽快地答应了他的要求。

顿弱见到嬴政之后,第一句话就让嬴政有些不知所措,他说:"天底下有很多有其实而无其名的人;也有一些无其实却有其名的人;还有一些无其名且无其实的人,不知道大王知道这些情况吗?"

嬴政想了很久之后,对他说:"我不知道。"

于是顿弱解释说:"那些有其实而无其名的人一般都是商人,商人从来不种植田地,但是他们家中却有大量的囤粮,所以他们是有其实而无其名的人;无其实而有其名的人是农民,因为农民虽然有生产粮食的名声,但是大多家中没有存粮,所以他们是有其名而无其实的人;而无其名又无其实的人则是大王您啊,您虽然已经拥有了很高的地位、虽然出行都是坐着高头大马,但是您却无法供养您的父亲,得不到孝子的称呼,自然就没有实了,所以大王您是一个无其名也无其实的人啊。"

听到这里嬴政非常生气,他感觉顿弱是在挖苦他。没想到他的怒气还没有发出来的时候,顿弱说:"山东有六个诸侯国,现在您的威力无法征服他们,您现在只能将所有的威风撒到您母后的头上,您的这种做法实在是不可取啊。"顿弱这里所讲到的母后的事情,是指嬴政亲政后因母亲有私宠行为而被他赶出宫的事情。

面对顿弱的问题,嬴政听完之后非常生气,他居然以嬴政母亲的这件事情来刺激嬴政,嬴政的母亲淫乱后宫的这件事情让嬴政非常尴尬,他也经常为这件事情生气。但是为了能够听到统一六国的妙计,嬴政还是强力忍住了,他转移了话题说:"那么,山东的六个国家该如何兼并呢?"

顿弱看到嬴政并没有因此而生气,于是就将话题转入了正题。他对嬴政献策说:"我看六国中,

> 激之而不怒者,非有大量,必有深机。
> ——弘一法师

韩国的位置就好比是咽喉地段；而六国中，魏国的位置就好比是胸腹地段。大王现在给我一些金钱，我去韩国和魏国进行活动，我将收买一些他们的大臣来为我们做事。如果我们能够在这两个国家有了内应，那么我们就可以轻松拿下这两个国家，其他的国家也就不在话下了。"

顿弱的话正是嬴政所想，嬴政听完非常开心，于是采纳了顿弱的计谋，并且给了他万金用以在韩国和魏国活动。后来秦先后让韩国、魏国、赵国和燕国都服从于秦国。而从某种程度上来说，嬴政之所以能够取得最后的辉煌，和他当时能够容忍顿弱的激怒不无关系。从这件事情可以看出嬴政的心胸宽广，虽然他生气了，但是他可以很好地克制自己的情绪，最终让顿弱讲出了他的计谋。当然如果顿弱遇到的是一个心胸狭窄的国君，那么自己的小命也早就不保了。

每个人都有七情六欲，在遇到外界不友好的刺激时，很容易发火和发怒，这是人的一种自我保护本能和心理反应。但是我们在使用言辞的时候一定要注意，如果把握不好分寸，很容易为自己招到敌人。

## ◎ 将忠告变成含蓄委婉的建议

我们在做事情的时候时刻要想着为自己留有余地，尤其是在忠告别人的时候要委婉含蓄，一定不要将话说绝。

很多人看到别人做错事了，就会提出忠告，但是他们总不注意自己提出忠告的方式，他们往往非常直接，一下子将对方的所有缺点都放大化说了出来，并且还煞有介事地告诉对方该如何去做。这种做法虽然从道理上讲是对的，但是对方很难接受这种情况，从而很难收到良好的效果。其实人们这种开门见山提出建议的方式忽略了对方的感受，对方会认为这伤害到了他们的自尊心，会感觉到非常难受。

其实，如果要忠告别人未必要直截了当，我们可以采取较为委婉的方式来获得对方的认可。往往我们的委婉和含蓄能够让对方更容易接受，对方甚至会感激我们。这样一来，肯定比我们直接告诉对方缺点要有效得多。

我们来看这样一个故事。

在一座山的顶上住着一个智者，谁都不知道他有多大年纪了。远远近近的很多人都非常尊敬他，不管他们遇到什么事情都会来请教这位智者。但是智者总是很谦虚地说："我能给你们什么意见呢？"

有一天，一个年轻人来向这位智者请教，这个智者还是婉言谢绝了，但是年轻人一定要智者给予他指导。智者并没有说什么话，只是拿来两块非常狭窄的木条、一撮螺钉、一撮直钉，然后还拿来了一个榔头和一把螺丝刀，他先在木条上钉直钉，但是这个木头非常硬，他费了很大劲才钉进去一个，而且还将钉子钉歪了，就这样这位智者将所有的直钉都钉进去了，但是基本上全都歪斜了，在钉的过程中，木条也裂开了；于是智者又拿起螺丝刀开始向木条上旋螺钉，他轻轻松松就将所有的螺钉都旋进了木条。

年轻人倒是非常耐心地看完了智者的所有行为，但是还是不知道对方要说些什么。看着满脸疑惑的年轻人，智者只好指着木条笑着说："人们都在讲'忠言逆耳利于行，良药苦口利于病'，其实很多时候忠言不必逆耳，良药不必苦口，那都是笨人用的办法。要知道硬碰硬没有任何好处，说话的人上火，而听的人也非常生气，最后导致友谊变成了仇恨，这又是何苦呢？我活了这么久，其实只有一个经验，那就是不要向别人直接提出意见或者忠告。如果我们需要指出对方的错误时，我们可以像这些螺钉一样，慢慢旋进木条。"听完智者的话，年轻人苦思了良久，终于明白了其中的道理，他非常满意地下山了。

> 处事须留余地，责善切戒尽言。
> ——弘一法师

"忠言不必逆耳，良药不必苦口"，这是一种新型的处世风格，我们含蓄委婉地提出建议会让对方更容易接受。但是在现实生活中很多人都不明白这个道理，就算是英国著名的作家萧伯纳也曾经犯过这样的错误。

萧伯纳是一个非常幽默诙谐的人，但是他也有点尖酸刻薄，而且非常喜欢指出别人的错误，一旦别人的毛病被他抓到手里，那他就会揪住这个小辫子不肯放松，直到把对方批评得体无完肤才肯罢休。后来，他的一个非常要好的朋友对他说："你是一个非常幽默的人，和朋友们在一起的时候能够给大家带来很多快乐，但是如果你不在场的时候，他们会更加开心。因为每当你在的时候，大家都不敢说话，怕被你抓住毛病，一旦被你抓住，你就会将对方批评得体无完肤。你的才学我们都很佩服，但是你这样做，终有一天所有的朋友都会离开你的。难道你希望看到这些吗？"

这番话让萧伯纳如梦方醒，他也认可了老朋友的话，他知道如果再这样下去，他真的有可能失去所有的朋友。于是从这一天开始，他时刻提醒自己，并且克制自己的语言，尽量不说那些尖酸刻薄的话，朋友们慢慢改变了对他的看法，并且开始从容接受他和他的建议了。从此之后萧伯纳也将自己的幽默更多地用在了文学作品上，逐渐奠定了自己在文坛的地位。

所有人都不希望被别人批评得一无是处，就算自己本来就存在很多毛病和不足。所以，我们需要注意不要将我们的忠告变成了对方的噩梦，只要能够含蓄委婉地表达我们的意思，那么就采用这种语言吧，这样更容易被别人接受。

# 第五课
## 论人须带三分浑厚，以留人掩盖之路

◎ 从别人的错误中找到正确之处

我们来看一个古时候一位王妃的故事。

古时候有一个国王有一个非常漂亮的王妃，她长得非常迷人，但是就是这样一个漂亮的美人，却做过雇流氓侮辱别人的事情。

这位王妃还是孩子的时候，有一次看到她的父亲从外边请来了一个食客，这个食客在他们家里一住就是两个月。虽然这位食客得到了包括她父亲在内所有人的尊敬，但是看着每天白吃白喝的食客，还是孩子的王妃心中渐生恶感。于是她找来自己的丫鬟，让她从村中花钱雇来几个流氓，使他们每天都等在这个食客必经的地方，然后大声咒骂他。

过了不久，那位食客受不了这帮流氓的诋毁，于是决定离开这个村庄。后来当年那个小姑娘被选中做了王妃，而且很快成为了大王最宠爱的妃子之一。

后来，这位食客去了京城，当王妃知道这件事情之后，她决定再次雇用几个流氓去诋毁他，并且吩咐流氓说："当你们看到那个食客进城开始，你们就跟着他，然后在后面不断用污秽的言语去辱骂他。"这几个流氓接受了吩咐之后，就等着这位食客到来，一看到食客进城就开始跟在他的后面辱骂他。

当时在这位食客身边的是他的徒弟，他的徒弟忍受不住想要和那些人理论，而且生气地要离开京城。

但是这位食客语气非常平和地说："徒弟啊，就算是我们去了其他的城市，也有可能接受别人的侮辱，我们为什么要躲避呢？既然事情已经发生了，那么就应该想办法去接受。现在我们就好比是战场上的大象，我们需要承受来自各个方向的弓箭。现在我们还不如接受这些人的辱骂，我们坦然接受吧。"

> 待人，当于有过中求无过，非但存厚，亦且解怨。
> ——弘一法师

我们没有办法改变别人，但是我们可以及时调试我们自己的心态和情绪。世界上难免会有辱骂我们的人，因为我们肯定有过失，接受别人的辱骂就很有可能。此时我们就不应该像他们一样，我们应该尽量客观地去看待一切事情，然后试着从自己身上找到优点，从而肯定自己；同样从对方身上找到对方的优点，然后积极肯定对方。

人最可贵的品质不是看到别人的过失，而是能够看到别人做的正确的事情。

当别人做错事情的时候，我们应该试着从他的错误中找到正确，其实这并不是很困难，只要我们能够保持一颗公平正直的心，只要我们懂得善待和欣赏别人，不要带着偏见去看待别人，那么我们的心态就会摆正了。

努力看到别人的智慧，这有益于我们正确判断一个人；积极了解对方的心态和动机，这样有助于我们做出正确的选择。不管别人的行为是否损害了我们的利益，或者得罪了我们，我们都不应该以报复的心态去看待这件事情。

对待别人刻薄，其实就是对自己刻薄，我们只要始终保持一份尊重他人的心态，那么我们就可以获得足够的空间，对我们的人生会有很大帮助。以德报怨并不会使我们吃亏，相反，我们会在这个过程中获得坦然和安静。

# 第六课
# 持身不可太皎洁，处世不可太分明

◎ 宽容别人能够获得更多的朋友

以宽恕自己的心态去对待别人，那么人们之间的交情就会变得深厚；而如果以责备他人的心态来责备自己，则能使自己少犯错误。

很多人都有这样的经历，同样的一件事情如果是自己做了，那么就会放宽要求，而如果是别人做了，则会要求很严格。其实他们这样做的最终结果就是让别人远离自己。要解决这种问题，我们不妨和弘一法师说的一样，能够宽恕别人、严格要求自己，这样我们会获得越来越多的朋友，我们在遇到事情的时候，也就会有人来帮忙了。

接下来我们一起看看关于楚庄王和子产的故事。

子产复姓公孙，名侨，是春秋时期郑国卓越的政治家，甚至有人说他是春秋第一人，子产出生于郑国的贵族家庭，但是他从来没有贵族的骄奢之性情，对人特别宽厚，百姓都很喜欢他。

有一天，从晋国来了一个人，他找到子产说："丰卷曾经对抗过你，而且还攻打过你们家，现在他逃亡到了晋国，一直在过着流亡的生活，其实他对自己以前的做法知道错了，他想回到自己的国家，但是他又怕你不答应。"子产说："丰卷应该了解我，我是一个嫌朋友少的人，如果丰卷能够将我当作朋友，那么我会很开心的。"

过了一段时间，丰卷回到了郑国，子产非常热情地接待了他，并且还给了他很高的官职，子产也因为这种做事的胸襟而得到了更多人的尊敬，后来很多人认为他的胸襟都可以和管仲相提并论了。而在其之后的相国和辅政大臣中没有一个比得上他的。

**楚庄王也是一个特别能够宽容别人的人。**

曾经有一次，楚庄王举办了一次宴会，他请来了很多得力大臣，并且让自己最心爱的美人为众人倒酒。等到大家酒过半巡的时候，正好一阵风吹灭了烛火，在黑暗中，有人乘着酒意拉了一下美人的衣服，但是被美人挣脱了，而且机灵的美人还将对方的帽缨拉了下来，紧紧握在手中。

等到重新燃起烛火的时候，美人就来到楚庄王的面前耳语了一会儿，并且拿出了帽缨，她要楚庄王找出这个人，并且严加制裁。虽然他们是在说悄悄话，但是从美人气愤的表情以及手中的帽缨大家都猜出了大概，大家都为这个冒失鬼捏着一把汗。而那位冒失鬼此时已经吓得面如土色，此时的气氛非常紧张。但是楚庄王就好像什么事情都没有发生一样，继续喝酒。

楚庄王还说："今天我和所有的文臣武将们在一起喝酒我非常开心，我今天只求一醉方休，现在谁不将帽缨扯下来然后大喝，就算没有痛饮，我就惩罚谁。"于是在场的所有臣子都将自己的帽缨扯了下来，然后和楚庄王一起大喝起来，直到大家都东倒西歪地离开为止。

后来，楚国和郑国发生了战斗，当时有一位武士表现得非常勇猛，他带头冲锋陷阵，并且杀死了好几个敌方的将领。而这位武士的神勇表现激发了其他人的斗志，他们一起呐喊，并且杀入敌营。郑国的军队自然被这种气势吓

> 心志要苦，意趣要乐，
> 气度要宏，言动要谨。
> ——弘一法师

倒了，等到楚军冲上来，他们就乱了阵脚，最后丢盔弃甲，让楚军获得了大胜。

等到战争结束之后，楚庄王派人去犒劳这些将士，特别嘉奖了那位武士，后来一打听才知道，这个武士就是在那次宴会上拉扯美人、被拉断帽缨的人。

通过上面子产和楚庄王的故事我们可以看出，只有宽恕了别人，我们才能够获得别人的爱戴，也才能赢得别人的尊重。而且当你宽容了一个人的时候，其他的人也能够看到，慢慢地大家都会喜欢和你在一起。这样一来，你身边的朋友就会越来越多，一旦你有什么需要，朋友们都会站出来为你帮忙。

## ◎ 知道太多容易带来痛苦

知道太多的东西，反而会让自己有太多的痛苦。一旦不知道具体情况，反而可以让自己远离痛苦。所以对于我们没有必要了解的机密和东西最好不要去了解。

我们来看这样一个实例。

曾经在一所医院出现了这样一个奇怪的事情。当时一个患了肿瘤的病人被推到了医院。等到接受检查的时候，医生们发现她并没有得什么肿瘤，但是等她离开医院之后，她又说自己有了肿瘤。后来经过调查才知道，这个人有好几个亲戚都得了肿瘤，因为和这些得了肿瘤的亲戚经常在一起，慢慢地她也就认为自己得了肿瘤。

后来医生和她的家属想了一个绝妙的办法，医生将她送进了手术室，对她施了麻醉，然后在她的腹部绑上了好几层绷带，然后等她苏醒之后，医生就对她说，已经对她实施了一次非常成功的手术，现在她需要继续绑着这个绷带几天，然后就没有任何事情了。她相信了医生的话，然后绑着绷带过了几天，之后的几天她也不认为自己有肿瘤了。

很多时候，人并没有生病，而是人的意识生了病。在这种时候就需要更强大的意识来治疗他，尤其是要给人足够的信心。

每个人都有必要去阅读一些关于人类意识方面的书籍，并且学习一些能够发挥人们意志力方面的知识，这样我们就可以时刻保持健康和快乐。

> 无心者公，无我者明。
> 以淡字交友，以聋字止谤；
> 以刻字责己，以弱字御侮。
> ——弘一法师

曾经有一个老人患病而住院，当时他的病情非常严重，需要尽快为他进行心脏手术。

手术非常成功，等到手术之后，很多人对他表示了慰问，都问他说："伤口还痛不痛？"老人说："一点都不疼。"要知道手上随便割开一个小口子都很疼，更何况老人动了这么大的手术，难道真的不疼吗？老人对别人的质疑回答说："不管怎么说，疼的时候我不知道，我并不知道他们是怎么打开我的身体的，我只是知道现在我的身体已经被缝合了，所以我不知道我疼过。"老人还说："医生们为我'开心'的时候我丝毫不知道。"

人世间就是有很多事情，因为你不知道，而你感觉不到痛苦。

而同样世界上有很多痛苦和烦恼就是因为自己知道而产生的。比如说，我们在路上见到一个仇人，看到之后就感觉到了痛苦，然后往往会留下痛苦的回忆；或者我们听到了一句诽谤的话而感觉到非常痛苦，假如这些我们都不知道，那么我们就不会感觉不痛快了。

# 第七课
# 律己宜带秋气，处世须带春风

## ◎ 保持宽容的心态

我们时刻要注意我们的内心，因为这个世界上外界给予我们的诱惑太多了，我们需要保持冷静的心态，面对任何诱惑都要躲避；当然在拒绝的过程中，我们还需要注意要以宽容的心去对待周围的人，这样人和人之间的关系会更加融洽。其实和别人相处是一门很高深的学问，其中有太多需要注意的地方，而其中非常重要的一点就是要懂得宽容，这种做人、处世风格会使你和他人的关系变得更加温暖。

1912年秋，李叔同到杭州浙江第一师范学校教书，当时他教授的课程是图画和音乐两个科目，在当时很多学生都会忽视了这两门课程的学习。但是在李叔同任教之后，这两门课不同程度地得到了学生们的重视，当时几乎所有在校学生的注意力都被吸引到了这两门课上。无论是课余的歌声和琴声，还是假日里成群结队去写生的学生，都是非常常见的景色。很大程度上是因为李叔同具有很大感化力，而且他对所有的学生都非常和蔼，能在一个知识丰富又和蔼的老师那里学到知识，自然很多学生都非常喜欢。

曾经有一个学生讲到，在上李叔同的音乐课时，有一种不一般的感觉，感觉到非常轻松和新鲜。每次响起预备铃之后，学生们陆续走进教室，会发现李叔同先生早已坐在了那里，每次那些还以为老师没有到的学生都会悄悄坐到自己的座位上，他们自己会感觉不好意思。当时的李叔同高而且瘦削，穿着非常整齐的黑布马褂，总是有一副威严而和蔼的表情，等到上课铃声响起的时候，他会站起来然后给学生深鞠一躬，然后才开始他的授课。

有的时候，一些学生在李叔同的音乐课上不认真唱歌，而是看其他的书。李叔同并不会说什么，等到下课之后他会非常郑重地说："×××同学，你稍微留一下。"等到其他学生都出去之后，李叔同就会给这个学生说："下次上课的时候不要看其他书了。"他说这句话的时候会非常和蔼。说完这句话之后，他会微微鞠躬，然后示意让对方出去。而此时这个学生虽然没有挨骂，但是会感觉非常难受，整个脸庞都会通红。

还有一次，下课了之后，最后出去的一个学生，不小心将门关得重了一点发出了很大的声音。这个时候李叔同出来，满面和气地将他叫住，然后让他回到教室，到教室里之后，李叔同会非常温和地说："下一次出进教室的时候一定要轻轻关门。"说完之后还是微微鞠躬，然后让这个学生离开。

还有一次，是一节弹琴课。学生们被分为好几个小组，然后分批来李叔同身旁观看其演奏钢琴。其中一组学生在观看的时候，突然有一个学生放了一个屁，虽然没有声音，但是味道非常不好闻，很多学生都用手捂住了鼻子，李叔同则只是微微皱了一下眉头，然后继续弹奏。等到下课的时候，学生们还没有出去，他说："同学们，以后有情况的话，一定要到外边去，不要在室内。"然后还是给学生们鞠了一躬，那个放了屁的同学非常不好意思。

其实，李叔同在生活中任何时刻都是和蔼可亲的，他从来不会声色俱厉地指责别人。也正是因为这个原因，学生们在上他的课时，都会非常认真，都想真正意义上从中学到知识。他们的行

> 人褊急我受之以宽容，人险仄我待之以坦荡。
> ——弘一法师

为就是对这位老师最好的答复。

李叔同在生活中就是一个用宽容的心态对待所有人的人，他会让别人感受到犹如春天一般的温暖，所以他得到了同学们的支持和爱戴，同时也得到了更多人的喜欢和尊敬。

大多数人之间并没有什么深仇大恨，所以对于一些小事情没有必要在意，我们应该像弘一法师一样，以宽容的心态来对待别人，这样我们的人生之路就会越走越宽，会得到更多人的尊敬。

## ◎ 以一种积极的心态包容你的生活

在我们的生活和工作中总是会遇到一些不如意的事情，如果每件事情我们都要深究，都要讲究一个公平合理，或者每件事情都希望得到别人的帮助，在我们失意的时候希望得到别人的帮助，在我们得意的时候希望得到别人的肯定，这几乎不可能。弘一法师教导我们，在遇到生活中的不如意时，我们没有必要和自己过不去，很多事情并不是别人给我们刻意制造麻烦，而是我们不懂得审视生活，不懂得换个角度看待问题，也很有可能是因为我们不舍得给予宽容。

宋代大诗人苏轼说："人有悲欢离合，月有阴晴圆缺，此事古难全。"苏东坡虽然有他的悲哀，但是他能够看开，他将世间的悲欢离合看作是月亮的阴晴圆缺，是一种自然的、永恒不变的真理。

曾经有一位哲学家，当他还是独身的时候，他和几个朋友住在一间小屋里，虽然他们的生活过得很窘迫，但是他们每天都非常开心。

有人问这个哲学家说："那么多人挤在一起，每天房间的味道都很难闻，你们有什么开心的？"

这位哲学家说:"这么多朋友在一起,我们随时都可以探讨问题和交流感情,这有什么不好的呢?"

过了几年之后,所有的朋友都成家了,大家陆续从这个房间里搬出去了,房间里只剩下了一个哲学家,但是他每天还是过得很开心。

当初那个人又问他说:"现在只有你一个人了,孤孤单单的有什么可开心的?"

哲学家则说:"我现在有很多书,一本书就是一个好朋友、就是一个老师,和这么多的朋友、老师在一起,我随时都可以向他们请教问题,难道不值得开心吗?"

又过了几年时间,这个哲学家也成家了,他搬进了一栋高达七层的大楼,但是他们家却在最底层。底层的这间房是环境最差的一间,上面住的人总是将一些脏东西丢下来,但是哲学家还是一副很开心的样子,有人就好奇地问他:"你的房间条件这么差,为什么还这么开心呢?"

"其实你不知道,住在一楼有很多好处的,比如进门就是家,我不必去爬那么高的楼梯;搬东西的时候更是方便,不用那么累;朋友来了也方便,如果找不到了也不用到处打听……尤其让我满意的是,住在一楼可以养一些花花草草,这些乐趣真的是数不尽,你们都不知道而已。"哲学家又这样回答。

后来,有人碰到了哲学家的学生,于是他们问学生说:"你们的老师整天都是开开心心的,但是我总是感觉他所处的环境并不是很好。"

没想到,哲学家的学生笑着说:"决定一个人快乐与否,并不是因为他所处的环境,而是在于他的心境。这些都是老师教我们的。"

> 人生多艰,不如意事常八九,吾人于此当镇定精神,胸中必另有一番境界。
> ——弘一法师

很多人因为生活的环境或者工作的状况而开始抱怨,但是生活还是生活、工作还是工作,绝对不会因为人们的抱怨而改变。其实很多事情要看我们是以怎样的心态来对待。

　　如果我们无法容忍生活中的不如意，那么生活也就会离我们而去了。所以我们要看清身边的不如意，就像那位哲学家一样，每当面对不如意的时候可以以一种积极的心态去对待。在现代社会中生活和工作，必须具备一种宽容的心态，我们需要以一种宽容的心态来对待身边的人和事。很多时候我们要知道上天是公平的，我们要尝试着接受它给予我们的一切。

　　我们经常会因为生活中的小苦恼而抱怨，其实生活还是生活，我们有时候根本无法改变，此时我们就需要换个角度去看待问题，或许用包容和感恩的心态去看待了，事情反而会变得容易接受。

# 第八课
## 盛喜中勿许人物，盛怒中勿答人书

◎ 盛喜的时候不要轻易答应别人的要求

当自己感觉到高兴的时候，不要轻易去答应别人的要求，以免草率答应了自己无法做到的事情；而在我们极度生气的时候，就不要轻易说话，以免自己的情绪带到话语中，从而得罪了别人。

每个人都很有可能面对极度欢喜和极度生气这两种极端的情绪。在这两种情况下，人们都会失去冷静，会胡乱答应一些事情，等到情绪平息了之后，就后悔莫及了。所以弘一法师摘抄了上面的话，以此来告诫人们。

其实我们在非常开心的时候，会许诺给别人一些自己无法做到的事情，一旦最终无法做到，那么给我们带来的麻烦也不小。在我们的生活中，遇到别人请求帮忙的情况非常正常，有些人因为自己当时的情绪非常好，所以就会轻易许诺，但是等到后面才会发现当初答应的事情非常难办，或者说自己根本就无法办到，此时自己遭受的损失就不言而喻了。

郭冬临曾演过一个小品叫《有事儿您说话》，讲的就是一个人本来在火车站没有什么熟人，但是为了显示自己很有本事，所以总是答应别人在火车站买票，结果很多朋友、同事甚至领导都来求他帮忙，他则是有求必应，又因为自己实际上在火车站没有什么熟人，所以只能连夜去排队买票，后来来请求他的人越来越多，事情已经远远超出了自己能够胜任的范畴，所以他只能自己贴钱去买高价

> 盛喜中勿许人物，盛怒中勿答人书。
> ——弘一法师

票，虽然后来他帮别人买票已是出于一种无奈，但是在刚开始的时候一方面是为了显示自己很有能耐，另一方面就是因为自己在开心的时候不小心随意答应了别人，结果导致事情无法收拾。

为了避免我们答应了别人而无法完成的尴尬，我们在答应别人的时候就需要非常谨慎，一定要考虑清楚自己答应的事情是不是能够办到，如果你认为这件事情自己无法完成，就不要答应，哪怕当时自己的情绪非常高涨。在没有答应别人的请求的时候，我们可以找到各种借口来推脱，但是一旦答应了别人就不能找到借口推脱了，如果事情办成了别人会抱着一种感激的心态；而如果没有办成，别人则会认为你打肿脸充胖子，根本办不到这件事情。最终只能破坏两个人的关系。

总而言之，如果我们要答应别人的请求，那么一定要在自己头脑清醒的情况下，对别人的请求有了非常充分的考虑，然后再去决定是否答应对方。要不然只能让自己陷入两难的境地，而且会影响到两个人的感情。

## ◎ 愤怒时一定要克制自己的情绪

一个人在极度开心的时候，他的语言就容易失信；一个人在极度愤怒的时候所说出的话容易失去体面。其实我们在高兴或者愤怒的时候一定要掌控好自己的情绪，此时都不应该多说话。

愤怒会让人失去理智，会非常轻率地说出一些不适当的语言，这种情绪害人不浅。等到人们的愤怒消失的时候，会对自己之前的语言追悔莫及，所以弘一法师告诫我们不要因为愤怒的语言而给自己带来不必要的麻烦。

北宋时期，王安石得到了宋神宗的支持，然后进行了一系列的变法。但是大文豪苏东坡认为王安石的变法无论是从具体的改革措施还是从举荐人才方面都存在很多的弊端，所以他非常反对王安石的变法，而且态度非常激烈。

> 喜时之言多失信，怒时之言多失体。
> ——弘一法师

苏东坡认为自己拥有一颗为国为民的心，所以他在两个月之内连续写了《上神宗皇帝书》、《再上皇帝书》，以此对王安石的变法进行全面的批评，他的行为也引起了朝廷的震动。

有一天，王安石宴请了苏东坡，他想要和苏东坡进行一番沟通。但是见到苏东坡之后，王安石痛斥道："你现在站在司马光的一面，来违背新法，你这是什么意思？"苏东坡听完之后火冒三丈，于是对王安石说："那你这又是什么意思？"王安石说："仁宗时，你就主张改革，而且极力反对因循守旧，现在我推行了新法，你却和司马光站在一起来反对我，你这是什么原因？"苏东坡则说："你一直说我和司马光站在一起，你可知道我非常反感司马光的古板。你的新法不审时度势，而是急功近利，你这样贸然推行新法，势必会遭到天下人的拒绝，最终只可能失败。"说完，两人开始争吵起来，最终不欢而散。

时隔不久，谢景温也就是王安石变法中的重要成员上书告发苏东坡，说他在服丧期间，曾经借助官船贩卖私盐。虽然之后朝廷调查并没有这件事情，但是苏东坡此时已经厌倦了朝廷内的争斗，于是想到外地去做官，后来他去了杭州，做了杭州的通判。

其实苏东坡就是不懂得在愤怒的情况下控制自己情绪的人，如果他在讲话的时候注意一下情绪，那么自然就不会遭贬。

有些时候，如果我们的情绪非常差，那么我们可以选择不说话，因为这种情况下所说的话都不会经过大脑，不说话反而能够为自己保留一定的清醒。

# 第九课
# 毋以小嫌疏至戚，毋以新怨忘旧恩

◎ 多疑会妨碍人发挥自己的聪明才智

谦虚是一件好事，但是过分谦虚就会给人矫揉造作的感觉，这是礼仪中的大忌；同样过于敏感和多疑，也是智慧的大忌。

一个在礼仪中过于矫揉造作的人会给人留下虚伪的感觉，如果这个人又是一个多疑的人，那么情况就会更加糟糕，这些情况会让这个人无法正常发挥自己的聪明和才学，从而直接影响自己的未来发展。

那些多疑的人总是以怀疑的眼光看待周围的人和事，他们不会和别人推心置腹，这样的人又怎么可能成就一番事业呢？

崇祯帝朱由检是明光宗朱常洛的第五个儿子，在天启七年（1627年），朱由检的兄长明熹宗朱由校病死，于是他继承了皇位，也就是历史上的明思宗，当时的朱由检只有17岁。

明思宗即位之后非常想有一番作为，于是他处死了祸国殃民的大太监魏忠贤，还杀死了淫乱朝纲的客氏，但是毕竟势单力薄，根本无法扭转清兵叩关、李闯王起义、中原动乱等引起的明王朝衰落，最终他还是成为了明朝的亡国之君。

其实，明思宗之所以落得亡国的下场，一方面和当时已经名存实亡的明朝有关系，另一方面和他本人多疑的本性也有很大关系。

虽然，明思宗在即位之初，展现出了他的敢作敢为，但是面对当时比较复杂的局势，他实在想不出更好的治国治民的策略，而且他对当时所有的大臣都心存戒心，这种戒心让他和大臣之间无法很好沟通。

当时的大将袁崇焕，是一个不可多得的名将。袁崇焕足智多谋，曾经奉命出兵辽东，一举打破金兵，甚至还射伤了金主努尔哈赤，使其不治而亡；之后还给了皇太极沉重的打击。

明思宗虽然知道袁崇焕是一个不可多得的大将，但是对袁崇焕始终保持着戒心。袁崇焕还是兵部尚书，总管辽东事务的时候，就成为了后金最大的威胁，当时皇太极想要进攻中原，但是看到了袁崇焕的防守之后，只能绕过袁崇焕的防区去攻打其他的地方，后来皇太极攻打了京城，袁崇焕带着自己的队伍来救京城。

袁崇焕的部队到达京城之后，改变了京城脆弱的防守状况，反而让对方处于不利地位，但是当时京城有谣言说："袁崇焕想要引敌协和，并且会和后金制订城之下盟。"明思宗听到这个消息之后非常担心，对袁崇焕的疑心加重了，于是皇太极利用他的这种疑心，施展借刀杀人的计策。皇太极编造自己和袁崇焕有密谋，而且又故意让被他们俘虏的宦官听到，然后故意让他逃脱，这个宦官将这件事情报告给了明思宗，明思宗不问清楚事情的情况，就将袁崇焕关进了大牢，后来还处死了他。

明思宗总共在位17年，朝廷中的阁臣、尚书要员有如走马灯一般，三天两头就要更换，史书中统计说：在这个期间先后有50余人担任过阁臣、13人担任过吏部尚书、17个人担任过兵部尚书、17个人担任过刑部尚书。而因为明思宗的多疑和猜忌，这些大臣们的下场都很悲惨，他们中大多数人都被关入牢狱或斩杀，只有部分被免职。其中总督就被诛杀了11人，而他诛杀的巡抚也有10人之多。这不仅仅在明朝，就算是在中国五千年的历史中都是极为罕见的。

> 足恭伪态，礼之贼也。
> 苛察歧疑，智之贼也。
> ——弘一法师

当时明朝的矛盾不断激化，农民们纷纷起义，最后李自成和张献忠带领的起义军攻打了京城，明朝的军队无法抵抗，很多人都投靠了义军，内阁更是逃跑得没有剩下一个人。明思宗看到大势已去，只能带着太监王承恩再次登临景山，吊死在寿皇亭的一棵槐树上。

明思宗之所以落得如此下场就是因为他多疑的本性所致，他也因此而错杀了很多有能力的官员。在我们的生活和工作中，就算是一个非常明智的人，如果他本性中有多疑的性格的话，同样会扭曲事实，最终使自己走上错误的道路。所以我们需要审视自己，如果我们有多疑的性格的话，就需要合理规避。

## ◎ 以感恩的心对待生活

一个人懂得感恩是一种善德；而如果忘记了别人的恩德，则是一种大罪恶。

我们在面对生活中的人和事情的时候，需要时刻抱着一颗感恩的心去面对。要时刻牢记：喜，是对我们善待生活的一种回报；怒，是在培养我们的耐心；哀，是上天交给我们重大任务之前的培养；乐，则是对我们生活的一种奖励。我们以这样的心态去对待生活，那么我们的生活则会满意很多。

在一个寺庙中，有一天刚刚做完早课，方丈的禅室里就进来了一个灰头土脸的先生，他进来就对方丈说："我现在已经丢掉工作很长时间了，我也应聘了一些单位，但是他们都不愿意聘用我，我的积蓄已经花完了，我真的是一无所有了。我现在看到一天早上的太阳的时候，都不知道我这一天该怎样度过，我一直非常信奉佛祖，现在却不知道佛祖为什么这样对待我？"于是方丈则说："你现在真的一无所有吗？你想想你身边有什么值得你感恩的事情？"方丈说完之后，递给这位先生一张纸和一支笔，然后说："你现在将我们之间的对话全部都记录下来，然后我们再仔细看看。"

虽然这位先生对方丈的话感到非常奇怪，但还是答应了方丈，拿起笔和纸开始记录起来。

方丈问他说："你现在有妻子吗？"

这位先生回答说："我有妻子，而且我的妻子对我很好，她并没有因为我没有工作而离开我，但是她对我越好，我就越感觉到愧疚，我都不知道该如何去报答她。"

方丈又问道："那么你有孩子吗？"

这位先生说："我有5个非常可爱的孩子，虽然我无法让他们过上最好的生活，但是我的孩子都很争气，学习成绩都很好，而且都很听话。"

方丈又问道："那么你的身体好吗，你的胃口怎么样？"

这位先生回答说："虽然我很穷，但是我的身体很好，而且我的胃口很大。"

于是方丈又问道："那么你的睡眠呢？"

这位先生又回答说："我的睡眠太好了，每天晚上我都睡得比较早，而且一倒下就会睡着。"

方丈又问道："那么你有关系很好的朋友吗？"

这位先生回答说："我有好几个关系很好的朋友，我失业的这些日子里，都是他们在帮助我，不仅是经济方面的，他们还在精神上鼓励我，但是现在我却无以为报。"

方丈继续问道："那么你的视力怎么样呢？"

这位先生继续说道："很好，我的视力很好，我能够看到很远的东西，现在还有很多人都羡慕我的视力呢。"

这个时候方丈则说："好了，你自己写下来吧，你有一个非常好的妻子、有5个可爱的

> 何以息谤？曰："无辩。"何以止怨？曰："不争。"人之谤我也，与其能辩，不如能宽。
>
> ——弘一法师

孩子、你有很好的胃口和身体、你的睡眠也很不错、你有几个非常要好的朋友，而且你还有非常好的视力。"

这位先生一边写，一边说："我原来不是一无所有的，我原来还拥有这么多美好的事物，我认为我是世界上最幸福的人，我真心要感谢佛祖。"

方丈此时说："其实你最应该感谢的并不是佛祖，而是你在纸条上记载的这些人和事情，你回去吧，以后要时刻记得以感恩的心态去看待所有的事情。"这个人回家之后，想起了和方丈的对话，然后站在镜子前看着自己，他这才发现自己这段时间已经变得非常邋遢了，于是他收拾了一下自己，好好洗了一个澡，然后剃了胡须，并且剪了头发，他心想一定要好好努力，以报答身边对自己好的这些人。

这位先生自此懂得了以感恩的心态去看待生活，并且开始积极找工作，他不再感觉到生活无望，他的精神状态也因此而好了很多，慢慢地他找到了一份比较好的工作，而且他的生活也慢慢地好了起来。

其实任何人的一生都不是一帆风顺的，遭遇失败和挫折是很正常的事情，但是生活是公平的，当它拿走你一些东西的时候，势必会赠送你一些其他的东西。所以我们要时刻以一种感恩的心态去面对生活，这样我们就不会消沉，我们的人生会更有意义。

感恩的心态是美好生活的开始，我们可以因为感恩而获得美好的人生。当我们在遭遇失败的时候，因为我们的感恩，我们可以看到自己和成功者的距离，从而更加努力；当我们面对成功的时候，因为我们的感恩，我们可以善待曾经帮助过我们的人，而我们的成功会更加有意义。

人生其实就是一面镜子，当我们笑着面对的时候，自然它也会笑着对待你。我们只要感恩地对待生活，那么我们的生活就会变成非常美丽的景色。

## 第十课
## 人褊急，我受之以宽宏；
## 人险仄，我待之以坦荡

◎ 懂得如何处理别人的诽谤

我们来看职场新人阿丽的故事，通过这个故事我们来看看在面对别人诽谤的时候该怎么做。

职场中遇到相互诽谤的事情非常多，刚进公司的阿丽就经历了这样的一个被诽谤的事情，还好她的领导比较英明，合理化解了这件事情。

重点大学毕业的阿丽来到这家大型企业，但是生性内向的阿丽因为在公司中不怎么说话，一时间惹来了几个老同事的不满意，有些人在背后议论道："有什么了不起的，不就是一个重点大学生吗？我要是年轻几岁也能读重点大学。"

本来一些脾气好的同事好心和阿丽说话，但是阿丽又因为自己不会讲话而有些冷落这些同事，于是这些同事也开始讨厌阿丽。

后来有一次阿丽一个人负责一项工作，阿丽很好强，她也没有去请教任何同事，只是一个人闷头苦干，工作到很晚的时候都没有回家，而正好那天晚上上海总部的董事长有事情来到公司，几位董事会的成员开会到很晚，他们开完会看到还在工作的阿丽，于是就邀请阿丽一起吃夜宵，碰巧这一幕又被其他同事看到了，所以阿丽又多了一个讨好领导的"罪名"。

于是同事们之间都开始背地里说阿丽的坏话，甚至有些人还在领导的面前说阿丽的坏话，俗话说"好事不出门，坏事传千里"，本来没什么的事情，被几个同事一说，就有更多的人开始怀疑阿丽的人品问题了。

　　公司里的同事开始越来越不喜欢阿丽，而阿丽也逐渐察觉到了同事们对她的看法，她也想改变，但是又不知道该从何做起，只能整天一个人埋头苦干。后来阿丽的主管赵小姐听到了好几位同事的诽谤之后，调查了整件事情。

　　赵小姐在私下里先后找了公司里的几位老员工，她给他们讲到阿丽只是一个新人，刚从大学毕业还不懂得该如何工作，更不懂该如何融入同事这种新的、完全有别于大学的大家庭，所以希望大家都不要冷落她，更不能四处诽谤她，要懂得帮助她。

　　赵小姐也在私下里找到了阿丽，积极帮助她融入公司的氛围中。阿丽也最终明白了一切，她乐观地看待这件事情，主动和同事们打招呼，最终公司的同事接纳了这位新同事，不再诽谤她了。

　　其实故事中的阿丽并没有做错什么。不管是在学校里，还是在社会中，一个人需懂得不要随意诽谤他人，很多时候可能别人并没有做错什么，但是被一个人在背地里一说，结果就直接影响到了当事人的声誉和品质。

　　弘一法师对此也有自己的看法，对于别人的诽谤他曾经指出，假如有人诽谤了我，我绝对不会和他们争辩，因为没有这个必要，我会放宽我的心态，尽量去包容他们的诽谤。很多人诽谤别人并不是出于本意，很有可能是无意的，但是不管他们的诽谤是出于有意还是无意，总之事情的真实不会因此而改变，而且事实迟早会被人们知道。作为当事人的我，又为什么要花费时间和口舌去说明和辩解呢？如果我们自身没有什么错误而遭受到了别人的诽谤，那么这种诽谤就是无中生有，是没有任何意义的，他们最终会因为自己的诽谤而吃亏，那么我又何必去在意呢？相反，我还会怜悯他们。

> 怒宜实力消融，
> 过要细心检点。
> ——弘一法师

《了凡四训》有云："闻谤不怒，虽谗焰熏天，如举火焚空，终将自息；闻谤而怒，虽巧心力辩，如春蚕作茧，自取缠绵。"一些道行高深的人都明白，自身和天地其实是同根同源的，既然我们和外界事物本来就是同根同源，所以对于别人的诽谤又有什么不可以包容的呢？

曾经有一个禅师在外边云游，他遇到了一个对他有偏见的人，这个人品行有点低劣，他连续几天跟踪这位禅师然后一味诽谤和侮辱这位禅师。但是禅师对于他的行为并没有做任何回应，直到最后那个人也不知道该怎么诽谤禅师了，于是禅师说："施主，如果有一个人送你一份礼物，但是你拒绝了这个礼物，那么这个礼物现在属于谁的？"

这个人思考都没有思考说："这个礼物当然是属于那个人啊。"

禅师则笑着说："你没有说错，现在我拒绝了你所有的诽谤和谩骂，其实这些诽谤和谩骂都好像是给你的一样。"

其实每一个诽谤他人的人都会受到最后的惩罚，所以我们每个人没有必要因为受到了对方的诽谤而影响自己的心境。

很多时候我们可以以"不变应万变"的心境来对待别人的诽谤，只要我们保持一颗不动的心，那么所有的诽谤在我们面前就什么都不是了。当我们真的有错误的时候，我们需要反省自己，然后努力去改正自己的错误；但如果我们本身不存在什么错误，而只是因为有人诽谤了我们，那么我们可以对此不予理睬，只要我们保持自己心态方面的平和，那么诽谤慢慢就会平息。

## ◎ 敢于吃亏最终换来福气

世界上的所有人都不愿意吃亏。有时候吃亏并不是什么坏事，反而是好事。

历史上的吴王阖闾就是因为吃了一点小亏，最终才赢得了属于自己的王位。

在春秋时期，吴国位于长江的南部，也就是现在的江苏和浙江一带。吴国国王诸樊总共做了23年大王，在他临死之时并没有将王位传给自己的儿子公子光，而是对自己的几个兄弟说："等我死后，王位就由大兄弟余祭来继承，然后是余昧，最后再是季礼。"但是诸樊没有想到的是，他的这一遗言随后引发了兄弟们之间的残杀，酝酿了一场著名的政治悲剧。

余祭五年之后就去世了，然后余昧继承了王位，等到他做王第九年的时候，得了重病，他按照兄长诸樊的遗言将他的兄弟季礼召来，想要将王位传给他，但是季礼不肯接受这个王位。等到第二年，余昧离开人世，因为季礼不肯接受王位，所以余昧的儿子僚继承了王位，成为了吴王僚。

公子光此时看到原本属于自己的王位一直把持在他的手中，现在居然到了堂弟手中，他的内心非常痛苦。但是当时他的势力非常薄弱，他知道如果自己忍受不了眼前的这点小亏的话，那么只能给自己招来杀身之祸，面对这种情况，他只能极力忍受，希望日后可以东山再起。

公子光虽然知道自己吃了一点小亏，但是他并没有停下，一方面他极力表现出自己非常忠心于吴王僚，从而博得信任，保留自己的实力；另一方面他在暗中积极创造条件，为自己日后争夺王位奠定了一些基础。当时他任命自己的心腹之人被离担任市吏，借助其职位的权限为自己网罗一些人才。后来被离就将亡命江湖的伍子胥推荐给了公子光，于是伍子胥又开始为公子光网罗人才。

那时，楚平王离开了人世，当时楚国非常混乱，新即位的楚昭王年龄尚小，公子光看到这是最好的讨伐楚国的机会。于是他和伍子胥秘密拟定了一个计划，他们邀请吴王僚赴宴，准备找机会刺死他。吴王僚赴宴的时候非常小心，他派出重兵把守了公子光的府第，警备非常森严，而且一同赴宴的大多数人都是吴王僚的亲信。

> 受得小气，则不至于受大气；吃得小亏，则不至于吃大亏。
>
> ——弘一法师

宴会开始后，气氛非常热闹。此时公子光秘密开始着自己的计划，他看到所来的宾客们陆续开始有了醉意，自然警惕之心也慢慢淡了下来，于是公子光找到一个机会离开了宴席。过了一会儿，一个壮汉假装端来了一份鱼肉，然后突然拔出匕首刺死了吴王僚。

紧接着，公子光在众人的簇拥之下走进宴会大厅，对各位官员说："当年吴国的王位就应该是我的，现在让来让去却一直没有我的分。我认为僚根本就没有资格继承王位，他的即位就是篡权，现在我要从篡权者手中重夺王位。你们都有什么意见吗？"自然没有人敢提出意见，于是公子光正式成为吴王，也就是后来的吴王阖闾。

其实，公子光在获得最终胜利之前，吃了不少的亏，但是他知道这些亏都是值得的。假如当时他没有吃亏，拼命和吴王僚争夺王位的话，那么他早就成了吴王僚的刀下鬼，怎么可能会有吴王阖闾？

有些时候吃亏的确是福气，一个敢于吃亏的人肯定是一个有所作为的人。那些吃了亏的人，慢慢会得到属于自己的回报。

# 第七讲　惠吉

天下没有免费的午餐。我们切勿让自己做出"拣了芝麻丢了西瓜"的事情，做事情的时候不要想着占小便宜，因为占了小便宜只能让自己吃大亏。我们要以一颗善良的心去看待世间所有的事情，有时候给了别人恩惠，最终受惠的还是自己。

# 第一课
# 群居守口，独坐防心

## ◎ 要懂得言多必失的道理

很多人都会有疑问："怎么话说多了还有危险，不是都认为，只有多说话才能够拓展自己的交际范围吗？"当然喜欢和别人打招呼的人能够得到大家的欢迎，但是舌头的功能太强大了，如果稍不留神说出了不该说出的话，那么就会给自己带来灾祸，人们可以通过你的话探测到语言中其他的意思，古人一直说"言多必失"，其实就是这个道理。

孔子曾经到周朝去观礼，进入后稷的庙之后，见到了三尊金子铸成的人像，他几次想要说话都忍住了，只是在金人的背后提了几行字，他写道："这些都是古时候说话比较小心的人，我们要以他们为戒，以后不要多说话，要不然就会给自己带来灾祸。"

唐朝时期刘文静是一个有很大功劳的人，但是他就是因为说话太多而最终丢了性命。

李世民的军队进兵长安城的时候，刘文静立下了大功，可以说他是唐朝的开国元勋。

但是还有一个人叫裴寂，他经过刘文静的介绍认识了李世民，在李世民起兵的过程中他的确起过一定的作用，但是他更多的是讨好李世民的父亲李渊，他经常和李渊在一起饮酒作乐，还将自己管辖的隋炀帝的宫女送给了李渊，可以算作李渊的一个酒肉朋友。

> 攻人之恶毋太严，要思其堪受。教人以善毋过高，当使其可从。
> 
> ——弘一法师

在李渊称帝之后，对裴寂更加宠爱了，还授给了他右丞相的职位，每一次上朝的时候，他都可以和李渊同登御座，等到退朝之后，他又和李渊一同下朝入宫。李渊对裴寂的话是言听计从，而且封赏了他很多东西。但是刘文静并没有得到李渊的重视，他虽然有比较大的功劳，但是只有一个尚书的官职，职位比裴寂低了很多，因为这件事情他感觉非常不公平，所以在朝廷上经常和裴寂唱反调，慢慢地两个人之间有了隔阂。

有一次家宴的时候，刘文静扬言一定要杀了裴寂，并且以刀击柱。没有想到他的这句话很快被已经失宠了的小妾告到了朝廷，朝廷在审问他的时候，他如实相告，他说："当初在起兵的时候，我和裴寂的官职差不多，而且他的功劳没有我大，现在他却官居丞相，还封赐了很多东西，而我的赏赐则和其他将领一样。我以前打仗的时候都不知道将家眷托付给谁，现在我还是无法让他们过上更好的生活，所以在酒醉的时候牢骚了几句，这有什么？"

李渊非常生气，他认为刘文静想要谋反，当时很多大臣都出来为刘文静说情，李世民更是据理力争，他说当初率性起兵反隋的是刘文静，裴寂只不过是后来才知道了这事，现在天下太平了，却受到了不公平的待遇，发些牢骚也是可以理解的。但是李渊和刘文静的关系一直比较疏远，裴寂此时知道刘文静对自己非常不满，于是对李渊说："刘文静虽然足智多谋，而且有很大的功劳，但是他现在已经有反心，现在虽然是天下太平的时候，但是赦免了他以后必定会有大患的。"这句话正好说中了李渊的内心，于是决定将刘文静杀死。在行刑的时候，刘文静叹息道："如果我当时知道言多必失的道理，少说几句话，估计也不会有今天的下场。"

老子所说的"多言数穷，不如守中"和孔子所说的"君子当讷于言而敏于行"有着相同的意思，由此可见，古代拥有大学问的人都知道言多必失的道理。但是在现实生活中，我们很多人却不知道管好自己的嘴巴和舌头，他们往往打开话匣子就什么话都说出来了。直到后来他们因为语言而招来了灾祸，此时他们才会后悔，但是显然已经晚了。所以我们一定要管好自己的嘴巴，不要给自己招来灾祸。

# 第二课
## 造物所忌，日刻日巧，万类相感，以诚以忠

### ◎ 占了小便宜吃了大亏

据说，在很早的时候世界上有一个千年的老蜗牛，它的体型非常大。在这个蜗牛的左上角有一个国家，这个国家的名字叫做"触氏"；在这个蜗牛的右上角也有一个国家，这个国家叫做"蛮氏"。"蛮氏"国的酋长总是看着左上角的土地垂涎三尺，他想要独霸这些地盘，有了这个心理，他就开始了行动，在一个伸手不见五指的夜晚，他率领着国内三万多的将士去攻打"触氏"国。

但没有想到的是，当时"触氏"国的首领是一个特别喜欢占便宜的人，他也早就想着要吞并"蛮氏"国，因为他本来就是一个从铁公鸡身上都要拔下一根鸡毛的人。就在这天晚上，他也召集了三万多好汉，也想乘着天黑去攻打"蛮氏"国。

在第二天早晨太阳升起的时候，两个国家的六万多士兵在蜗牛头上这一片开阔的土地上展开了厮杀，他们胡乱打了起来，真的是鬼哭狼嚎、日月无光。三天之后，两个国家六万多将士都全军覆没，而且"蛮氏"国的酋长和"触氏"国的首领都在战斗中死掉了。

虽然这只是一个故事，但其实也是在告诉我们，任何时候都不要想着去占便宜，就算是了为了蜗牛头上这么一点地方的利益也不要想着去占，要不然只能是

两败俱伤，最终丢失了自己的性命。

其实爱占便宜的坏处有很多，不仅仅只是个人，对于一个国家同样是这样。

在战国时期，秦国是最具实力的一个诸侯国，当时秦国有很广袤的土地，秦国国王派出白起去攻打韩国，因此而占据了韩国一块叫做野王的地方。在野王的旁边有一个地方叫做上党，韩国的很多官员看到野王很轻易被占领了，于是他们担心上党也会保不住，于是就写信给赵国，表示愿意将上党送给赵国，只要赵国能够发兵救一救危在旦夕的韩国。

赵国的国君认为这是一件好事，他想能够不费任何力量就能够得到上党这个地方，他认为对国家很有益。但是他又拿捏不住，担心自己在遭遇强大秦国的时候吃了败仗，于是赵王就将一些得力大臣招来商量对策，大臣们针对到底要不要接受韩国的上党而展开了一番争论。

平原君赵胜对赵王说："上党的地方很大，现在我们几乎不用浪费一兵一卒就可以得到，我们为什么不要呢？"而平阳君则对此坚决反对，他说："我也知道这个地方可以不费吹灰之力就可以得到，但是正是因为它过于轻易了，所以我担心会招来大祸。你们想，如果我们因为这件事情而得罪了强大的秦国，很有可能招来两个国家的战争。"但是赵王实在是感觉这是一块到嘴边的肥肉，他认为现在赵国兵强马壮，料定秦国不会和赵国开战，所以他支持了平原君的想法，然后派出人员接受了韩国的上党，将这块土地划到了赵国的领土里。

秦王知道这件事情之后非常生气，他认为赵王是故意和他作对，于是就命令自己的大将白起率兵攻打赵国，最后赵国的四十

> 凡事最不可想占便宜，便宜者，天下人之所共争也。我一人据之，则怨萃于我矣。我失便宜，则众怨消矣。故终身失便宜，乃终身得便宜也。此余数十年阅历有得之言，其遵守之，毋忽。余生平未尝多受小人之侮，只有一善策，能转弯早耳。
> 
> ——弘一法师

万大军都被白起俘虏，国都邯郸还被秦国围困了起来，最后还是楚国的军队来才救了急，但是经过此次战斗之后，赵国的势力开始迅速下滑，他们还丧失了大片的土地。而赵国就是因为当初占得了一点小便宜，才吃了大亏。

其实不管是一个人，还是一个国家，想要占便宜最终占不到便宜，最终还会让自己吃更多的亏，关于这个教训，我们一定要以此为戒。

## ◎ 会吃亏的人总能成就大事

林退斋是古代一个非常有德行的人，临终的时候，他的儿孙都围绕在他的身边，大家都问他还有什么要交代的，他则说："我也没有什么别的要交代，你们只要学会吃亏就可以了。"

林退斋的临终遗言居然是要自己的儿孙们都学会吃亏，这实在让很多人不能明白。其实林退斋想让儿孙们学会吃亏，是一种非常高深的人生哲学。因为这个道理是他用毕生的心血总结出来的，这对他的儿孙有很大的作用，这种哲学可以保证他们的儿孙不受到损害。

历史上有很多因为吃了小亏而保全了自己的人，春秋战国时期郑国的大臣子产就是这样的一个智者。

春秋战国时期的子产从小就是一个特别有气量的人，他和别人打赌的时候，如果是自己赢了，他会故意装作自己输了。因为他一直不怕吃亏，所以任何人都乐意和他交往。长大了做官以后，子产还是处处让着别人，所以同僚们都认为他是一个能够交往的人，很少有人反对他。

> 林退斋临终，子孙环跪请训。曰：无他言，尔等只要学吃亏。
> ——弘一法师

子产在当了相国之后，他还将朝廷给自己的一些封赏都赏赐给其他人，他的一位朋友对他说："现在你没有求助别人的地方，别人只会求助你，你没有必要讨好别人啊。况且你还赏赐东西给你的下属，难道不是应该他们讨好你吗？"子产对此则不以为然，他说："如果没有他们的拥护，我这个相国的位置也就不保了，我又怎么可能得到朝廷的赏赐呢？所以现在我将这些赏赐都分给其他人，但愿大家都能够没有私心。"

在那个时候，朝廷制定了很多政策都有扰民的嫌疑，于是老百姓都多有怨言，子产建议朝廷废除暴政，他说："如果一个朝廷不为自己的子民着想，只懂得剥夺，把自己的百姓当作仇人一样，那么这个国家怎么可能兴旺发达呢？我们要给百姓一些好处，就好像是养鱼一样，如果我们现在能够舍弃一些小利益，日后肯定会得到百姓的拥护。"之后，子产为国家制定了很多惠民的政策，百姓们从中获得了很多利益，自然郑国开始稳定下来了。

郑国大族公孙氏在郑国有很大的影响力，为了安抚这些人，子产对他们非常照顾，有一次居然将一座城池作为奖赏给了他们。当时子产的下属太叔对此行为表示了反对，他说："你为了讨得公孙氏的欢心，而让国家吃亏，你这样的行为人们会认为是出卖国家的，你难道愿意背负上这个罪名吗？"子产则对他说："每个人都有自己的欲望，我们只有满足了他的欲望，才可以驱使他们。"子产接着说："公孙氏在郑国的地位非常高，如果他们对郑国怀有二心，那么国家的损失就更大了。我的行为都是为了国家好，而对国家没有任何损害。"

慢慢地，郑国在子产的治理之下，开始走向了强盛，达到了大治的局面。其实子产成功的秘籍就在于为了一个长远目标，宁愿吃一些眼前亏。

如果一个人不愿意吃亏，那么这对他的成功有很大的阻碍力，很多人虽然认识不到这一点，但是它确确实实存在。一个真正成功的人，总是一个主动吃亏的人。

李嘉诚就是这样一个人，他认为只要主动吃亏就可以赢得更多的商业合作伙伴。他说："想想看，如果一个东西我只赚了5分钱，但是我却多了100多个合作者，那么，我现在可以赚到多少个5分钱呢？如果我每次执意要多赚一些，我要赚8分钱，那么我的合作伙伴就会从100个人变成5个，那么我赚8分又有什么意义呢？"李嘉诚的一生和很多人进行过长期和短期的合作，但是他总是愿意少赚取一些钱，有时候生意不是很理想的时候，他宁愿一分钱都不要，宁愿自己吃亏。他的这种做事风格就是一种气量和风度，也正是因为这样的原因，更多的人愿意和他合作，他的生意越做越大，他也积攒了很多财富。

吃亏并不是一般人认为的愚钝，而是一种很高深的学问。

# 第三课
# 谦卦六爻皆吉，恕字终身可行

## ◎ 摆脱虚浮，找到属于自己的厚重人生

很多人将名利和地位视为实现自己生命价值的必要条件，他们认为这些东西才是实现生命意义的所在，所以这些人很容易陷入名利的泥潭之中而无法自拔。其实，人生的真正意义在于能够摆脱这些虚浮的事情，能够看到更清净的东西。

东汉时期著名的姜岐就是一个能够看透名利的人。

姜岐，字子平，东汉时期汉阳郡上邦县人。他的家庭非常殷实，家中有好几千顷良田，而且牛马成群。但是姜岐很小的时候他的父亲就病逝了，他一直和自己的母亲和哥哥姜岑生活在一起。姜岐非常聪慧而且很有悟性，性格也非常腼腆，尤其对寡母非常孝顺，所以他在汉阳郡内有很高的名望。

姜岐还在七八岁的时候，他的母亲体弱多病，有时候病起来一两天都无法进食，姜岐这个时候就坐在自己的母亲身边然后给她背诵诗歌，希望能够让母亲减轻一些病痛的折磨。姜岐还会为母亲捶背，不时给母亲讲一些在学堂里的趣事让母亲解闷；当母亲不想吃饭的时候，他也不吃饭，母亲因为心疼她，所以也会装作没有生病的样子开始吃饭，他才会开开心心地去吃饭。

延熹年间，沛国人桥玄任汉阳郡太守。桥玄在到任之后希望从汉阳郡中选出

一位有名望的人来帮助他治理汉阳郡。后来咨询了几个人，他们一致推荐姜岐。此时桥玄才知道姜岐是一个非常有才学的贤士，他不仅学问渊博，而且人品出众。所以他就派人请姜岐来担任功曹一职。但是姜岐则以自己身体有病为由，不去就职。桥玄对此非常不开心，他认为姜岐这样做，实际上是不愿意和自己共事，于是他命令督邮尹益亲自去姜岐住处，逼迫其前来就职。

尹益是汉阳郡人，他早就认识姜岐，但是两人之间没有深交。他听闻姜岐是一个孝子，于是便劝说桥玄说：“小人认为，姜岐是远近闻名的孝子，他不仅才学出众，而且有很高的威望，不仅在汉阳郡，就算是在全荆州也很有名气，倒不如让他在家中隐居，让他教化弟子，通过他的影响，相信会对我们的民风有很大的改善。这难道不比担任功曹一职好吗？”听完尹益的话之后，桥玄眉开眼笑，然后对他说：“你的话很有道理，那么就照你的话办吧。”

因为这件事情，桥玄、尹益和姜岐成为了好朋友，他们经常在一起谈古论今、分析时事、吟诗作赋，过得非常快活。

后来，姜岐的母亲去世了，在办理完丧事之后，姜岐主动将他所有的财产包括田产和房产都交给了自己的哥哥，然后自己带着家人隐居到山里去了，过上了隐居的生活。

后来，姜岐看到山中没有蜜蜂，心想自己为什么不在山中喂养一些蜜蜂呢？当时这里没有人养过蜜蜂，姜岐自从养蜜蜂以来，采了很多的蜂蜜，于是他将这些蜂蜜都分送给附近的邻居。人们都没有见过蜂蜜，不知道这是什么东西，但是品尝之后都感觉非常甜美。慢慢地在姜岐的带领下，附近的山民都开始学习养蜜蜂，他们还将采到的蜂蜜拿到其他地方去卖。

这里的山民因为养了蜜蜂，所以生活越来越好，很多外地人都搬迁到这个地方居住。慢慢地大家都知道姜岐很有学问，都纷纷将自己的儿女送过来让姜岐教他们知识。后来

> 心术，以光明笃实为第一。容貌，以正大老成为第一。言语，以简重真切为第一。平生无一事可瞒人，此是大快。
>
> ——弘一法师

这个山区中有了几千个养蜂的人家，而姜岐的徒弟也有了几百个，这个山区变得越来越热闹。人们也纷纷开始开荒种地、砍柴打猎，生活过得越来越好了。这里俨然就是一个世外桃源。

后来，姜岐隐居的消息传到了荆州刺史的耳朵里，于是他决定聘请姜岐担任荆州从亨，但是姜岐依旧不肯就职；刺史又推荐他为汉代选拔官吏必考科目的主考官，姜岐还是不愿意离开自己的世外桃源；再过了几年，朝廷又任命他为蒲圻县令，他依旧不愿意上任，最后直到他年老也没有担任任何官职，最后无疾而终。

当时有多少人想要谋取一官半职，但是姜岐在功名面前选择了隐居，他将这些名利和富贵看得非常淡，他隐居山林之后，和山民们在一起，和他们一起发家致富，这才是他人生的真正意义。

什么才是真实厚重的人生？并不是名利、荣誉、地位这些虚无的东西。我们只有摆脱了这些东西，没有了名利和地位、金钱的束缚，才能够算是找到了自己人生的真正意义，人生努力的意义应该在于摆脱这些，真正意义上争取属于自己的厚重人生。

# 第四课
# 知足常足，终身不辱；知止常止，终身不耻

## ◎ 切记贪图私欲难成大事

本来赵经理是想将这份工作交给小李去做的。赵经理有一天走过小李的办公桌时看到小李正在为高额的信用卡账单发愁，原来小李最近刚有了孩子，所以他那点工资不够花了。

所以，赵经理决定将这个项目交给小李去做，一旦这个项目小李能够完成，那么不但可以获得很多奖金，而且可以奠定在公司的地位，加薪和升职就是很有可能的事情了。

于是下班之后，赵经理单独找了小李谈话，小李听了赵经理的意思之后非常高兴，他信誓旦旦地表示一定会做好这个项目，以报答赵经理的栽培之恩。

于是，小李开始接手这个项目，刚开始的时候，小李非常努力地工作，并且经常主动加班到深夜，慢慢就变得倦怠了，似乎感觉自己的功劳非常大，人也变得趾高气扬起来。

这些都不算什么，就在这个项目要成功的时候，小李居然将这个项目的所有核心内容以高价卖给了竞争对手，使得公司亏损了很多。天底下没有不透风的墙，最终公司知道了这件事情，小李不但失去了工作，而且面临着法律的制裁。

其实，故事中的小李本来是有机会成功的，但是他的贪念太重了，所以最终

他失去了他本应该得到的成功，让自己跌入了最低谷。通过这件事情我们可以看出，人虽然要懂得为自己着想，但是在做事情的时候不能私欲和贪念太重，要不然最终的结果会让自己悔恨。

其实，生活中的所有人都不能帮助我们成功，他们只能给我们一次成功的机会，我们只有通过自己的努力才能够成功。

上面故事中的赵经理本来给了小李一次机会，让他由一个普通的员工成为在公司有地位的人，但是他自己不能把握，甚至还做出了违反法律的事情，那么这样只能让自己跌入人生的最低谷。

对于贪图私欲这一点，弘一法师非常提倡明朝学者吕坤的见解。

吕坤号新吾，他曾经讲道：如果要为天下做好事，不仅要衡量自己的德行和能力，还应该时刻观察周围的时机，要选择合适的人才可以。不仅仅是那些平常做事情比较草率和轻浮的人是这样，不仅是胡作非为的人需要慎重考虑。就算是正大光明的人也要做事情慎重考虑，要懂得根据周围人的需求而调节自己的情绪。而且我们还应该将事情的道理展现给对方，让对方也能够信服这个道理，并且能够遵循下去。其实世界上大多数人并不具备远见，如果仅仅是借助道德的力量来约束他们，如果小人不能谋取到一定的私利的话，那么这些小人很有可能鼓动或者利用更多的人来破坏事情，做出更大的坏事来。如果我们能够想出更好的办法然后让大多数人获益，那么我们所获得的这种成功将会长久。

只有我们时刻想着众人的利益，我们所从事的事情才会得到更多人的支持，自然就无往不胜了。

虽然很多人都在修身，但是他们无法要求所有人都

> 吕新吾云："做天下好事，既度德量力，又须审势择人。'专欲难成，众怒难犯'，此八字，不独妄动邪为者宜慎，虽以至公无私之心，行正大光明之事，亦须调剂人情，发明事理，俾大家信从；然后动有成，事可久。盖群情多瞆于远识，小人不便于私己，群起而坏之，胡成胡久。"
>
> ——弘一法师

和他们一样放下私欲，所以我们在处理事情的时候要懂得变通，对于不同的人要求则不同，对于不同的人在处理上自然也要有所变通。

我们经常都会提到不要犯众怒，但是这并不代表做事情要顺着众人的意思。而是告诉我们，在做任何事情的时候要考虑到大众的利益，我们不能剥夺众人的利益，更不能做出违背众人常理的事情。

孟子很早的时候就讲过"行有不得，反求诸己"，人有善心是很好，但是如果考虑事情不够周全的话，那么很有可能无法完成自己的善事。

我们在做善事的时候不要太在乎结果。任何事情都要量力而行，凡是那些违背众人利益的事情尽量都不要去做。

## ◎ 确定一个目标，然后一直紧盯下去

如果我们能够做到气定神闲，心无杂念，那么我们就会离我们的目标更近一步。如果你渴望太多的东西，又想了很多问题，那么你就会心神分散，最后使得自己无法实现任何的目标。

曾经有一个非常苦恼的年轻人找到一位智者，希望智者能够帮助他摆脱烦恼。

原来，这个年轻人在学成之后，就为自己树立了很多目标，这些目标都非常具有豪情，但是努力了几年下来，他还是一事无成。于是他找到智者希望他能够帮助自己。

年轻人找到智者的时候，智者正在河边的小屋读书，他微笑着听完了年轻人的倾诉，然后对他说："你先去帮我烧一壶开水吧。"

这个年轻人在墙角看到了一个硕大的水壶，在水壶的旁边有一个小火灶，但

> 知足常乐，终生不耻。
> 知止常止，终生不辱。
> ——弘一法师

是环顾四周也没有看到柴火，于是他就到其他地方去寻找了。这个年轻人在外边捡拾了枯枝回来，然后在水壶中灌满了水，放在小火灶上开始烧了起来。但是因为水壶太大了，他捡来的柴火根本不够，于是他就继续寻找柴火，等到有了足够的柴火，原先的火却已经灭了，而且水已经凉了。这回他学聪明了，并没有着急去点火，而是再去找了一些柴火，结果水不一会儿就烧开了。

于是智者就问他说："如果你没有足够的柴火，那么你该如何点火烧水呢？"年轻人想了很久之后还是不知道该如何办。

这个时候智者说："其实你可以将水壶里的水倒掉一些，这样不就可以烧开了吗？"年轻人听完之后连忙点头。

这位智者接着说："你在最开始树立了太多的目标，就如同这个水壶中装满了水一样，但是你却没有足够的柴火，所以你不能将水烧开。而如果此时你还想将水烧开的话，那么你就需要倒掉一些水，或者多准备些柴火。"

年轻人顿时醒悟过来，回到家之后他将自己之前设定的所有目标拿出来，然后将其中一些目标划掉了，只留下了几个非常迫切的目标。同时他还抓紧时间开始学习一些有用的知识。过了几年之后，这个年轻人的目标开始一个一个实现了。

其实一个人如果拥有了太多的目标，那么很容易分散自己的注意力，到头来连一个目标都无法实现。这个就好比是拈弓搭箭，如果你的弓上搭一根箭，那么你的目标只有一个，你盯着目标然后射出箭，就可以射中目标。但是如果你在弓上同时搭三根箭，这样就等于你有了三个目标，还怎么可能射中目标？最后只能让自己一无所获。其实目标多了就等于没有目标。我们在生活和工作中，只要紧盯着一个目标，然后一个脚印一个脚印地去完成，同时不断学习一些知识，就能够逐步实现自己的目标。

## 第五课
## 明镜止水以澄心，泰山乔岳以立身

◎ 有足够的定力才能处乱不惊

虽然现在很多人认识到生老病死是一个正常的自然现象，但还是有很多人无法参透。如果一个人能够正确面对生死，那么日后肯定有一番大作为。处变不惊已经是一种很高的定力，如果能够做到在生死面前也面不改色心不跳，那么必定有足够的定力。

弘一法师曾经就生死的问题和大众交谈过，他很直接地问大众说："假如在面对生死关头的时候，你们该怎么做呢？"接着他又说："这是一个非常严肃的问题，凡是修行的人需要时刻提醒自己，生死每个人都会面对，所以要时刻警惕，要做好充分的准备，一旦到了关键时刻就不会慌张。"

弘一法师是一个大彻大悟的人，他极具定力，对于生死早已是看得很开。

其实生死都不是重要的，只要人们的心智足够成熟，就能够看开这一切，在关键时刻就可以从容应对。

> 公生明者，不敝于私也。诚生明者，不杂以伪也。从容生明者，不淆于惑也。
> ——弘一法师

定力其实不只是坚强的意志力，还是一种能够化险为夷的能力，是人们潜在的心智。一个人最高的心智境界就是能够看透生死，能够坦然面对这一切。凡是拥有强大定力的人都能够将所有的事情尽收眼底，他们有了这样的心境，在任何情况下都会怡然自得。

## ◎ 用赏识的眼光看待世界上的美好

人们在看待事物的时候往往会凭借着自己以往的经验和学识来判断事物，最终结果就是自己看到了假象。所以很多人在看待这个世界的时候，感觉这个世界不够公平，这个世界缺少美。其实生活中有很多美丽，只是缺少发现美的眼睛。我们只需拥有一颗美丽的心灵，就可以看到美好的人生，就会发现我们的人生中充满着美好。

有一天，一个盲人在他的导盲犬带领下过街，这个时候没想到一辆大卡车失去了控制，直接冲了过来，盲人当场被撞死，而导盲犬也为了守卫自己的主人，惨死在车下。

盲人和导盲犬一起来到了天堂，一个天使拦住他们说："实在很抱歉，现在天堂只有一个名额，你们两个中只有一个能进入天堂。"

盲人听到之后连忙说："我的狗不知道什么是天堂，什么是地狱，能不能让我来决定到底谁来入天堂？"

天使非常鄙视地看了这个盲人一眼，然后皱着眉头说："对不起，先生，在天堂这里所有的灵魂都是平等的，你们需要通过比赛来确定谁来入天堂。"

盲人非常失望地说："那，那到底是什么比赛呢？"

天使对他们说："这个比赛非常简单，就是赛跑，你们从这里开始比赛，谁先到天堂的大门口，谁就可以进入天堂。不过你可以放心，现在你已经离开了人世，所以你的眼睛已经不再失明；而且灵魂的速度和肉体没有关系，如果你们奋力奔跑的话，越是善良那么你的速度就越快。"

盲人想了想，同意了这个比赛。

于是，天使让盲人和导盲犬做好准备，然后发令，宣布比赛开始。天使原本以为这个盲人会卖命奔向天堂，但没有想到的是这个盲人慢吞吞地走着，而导盲犬也是这样，一步都没有离开它的主人，也是慢吞吞走在后面。天使这才恍然大悟，她明白了过来，这个导盲犬因为跟随这个盲人很多年，已经养成习惯，它会跟随在主人的身边，陪在主人的旁边守卫着他。这个主人真的是太可恶了，他正是利用了导盲犬的这一点，所以才胸有成竹，而慢吞吞走的，他只需要走到天堂门口跑几步就是了。

天使看着这条忠心耿耿的导盲犬非常难过，于是对它喊道："你已经为你的主人奉献了生命，现在你的主人不再是瞎子了，你可以跑着进天堂了。"但是不管是盲人还是导盲犬都没有听到天使的话，他们依旧慢吞吞走向天堂，就好像他们平常的散步一样。

果然，距离终点还有几步远的时候，盲人发出号令让导盲犬坐下了，天使用非常鄙夷的眼光看着这个盲人，这个时候盲人笑着对后边的天使说："我现在终于将我的狗送到了天堂，我担心的就是它根本不愿意进天堂，而是愿意和我在一起，所以我当时想帮助它决定，现在麻烦你照顾好它。"

天使愣住了，被他们的感情震撼住了。盲人留恋地看着身边的导盲犬，然后对天使说："能够用比赛的方式来决定实在是太好了，只要它往前走几步就可以进入天堂了。不过它陪伴了我这么多年，我这还是第一次用眼睛看它，所以我想多走一会儿，多看它一会儿，现在天堂到了。如果可以的话，我真想和它一起走下去，但是现在不行了，请你好好照顾它。"

当盲人说完这些话之后，盲人向导盲犬发出了前进的命令，就在导盲犬到达终点的那一刻，那个盲人就像是一片羽毛一样落向了地狱。导盲犬看到

> 以淡字交友，以静字
> 止谤，以刻字责己，以弱
> 字御侮。
> ——弘一法师

之后，突然掉转头也冲向了地狱。满心懊悔的天使张开双臂想要追上他们，但是导盲犬拥有的是世界上最纯净、最善良的心灵，就算是天堂的天使也没有办法追上它。之后导盲犬和它的主人又在一起了，就算是在地狱，导盲犬也愿意守护着它的主人。

天使站在天堂看着下面，喃喃地说道："我一开始就看错他们了，世界上存在太多的美好，都是因为我们缺乏赏识美的眼光，所以才错失了这些美好。"

世界上的确不缺少美好，只是缺少发现美丽的眼睛。这个道理和千里马常有，而伯乐不常有是一样的。我们擦亮自己的眼睛就可以看到世界上的美好。

其实一个人烦恼还是开心都是由自己选择的，当我们处于不利的境况或者面对困难的时候，我们如果感觉到无能为力，那么烦恼和忧愁就会随之而生，但是此时如果我们能够改变自己的心态，用赏识美的眼光去看待这些，那么生活就会变得美好起来。

# 第六课
## 利关不破，得失惊之；
## 名关不破，毁誉动之

### ◎ 学会放下就会懂得幸福

曾经有一位旅行者背着一个大书包游历了很多地方，终于有一天他感觉到了疲倦，他有些不知所措。

有一天，他带着自己的行李找到了一位禅师，然后满面忧愁地对禅师说："禅师啊，我认为我太孤单了，而且我现在认为我很痛苦，为了排解我的寂寞，我曾经跋山涉水到很远的地方，但是路途实在是太遥远了，而且旅行让我感觉非常疲惫，我的鞋子已经很多次被石头磨破了，我的双脚也经常被路上的荆棘割破，我的肌肤经常被烈日所灼伤……我一直在寻找快乐，但是至今我都没有找到快乐，到底属于我的快乐在什么地方啊？"

禅师听完这个旅行者的话之后，对他说："施主，我想问你，你在你的旅行包里都装了什么东西？"

旅行者叹息道："这个包里装的东西都是对我非常有用的东西，不管任何时候我都可以在这个旅行包里找到能够帮助我的东西，我也是依靠着这个旅行包走到了今天。"

禅师没有再说什么，他只是带着这个旅行者来到一条小河边，然后让他和自己一同乘坐一艘小船渡河。

等到两人上岸了之后，禅师对这个旅行者说："现在你继续扛着这个小船上路吧。"

旅行者非常惊讶，问禅师说："我为什么要扛着这个小船上路呢？而且我也扛不起来啊。禅师您是和我在开玩笑吧。"

禅师轻轻笑着说："我当然知道你扛不起这个小船，我们在过河的时候，这个小船对我们有帮助。但是等我们过了河，我们就不应该将这条小船带在身上了，如果我们不放下它，对我们日后的旅行只有阻碍的作用。其实包括你的痛苦、孤独、寂寞以及无助这些都是你在旅行中得到的东西，它们虽然可以给我们很多领悟，但是上岸了之后，我们就需要将他们放下，要不然这些东西就成为阻碍我们前进的包袱。所以孩子请你勇敢地走下去吧，你应该适当学会放弃一些东西，生命不应该承受太多的东西，放下了之后才可以走得更远。"

旅行者此时才明白了过来，他放下肩膀上的旅行包，然后上路。此时他发现自己的步履轻松了很多，原来很多东西放下了，才会感觉到愉快。

**其实，很多时候只要我们愿意去放下、敢于放下，以及没有顾虑地放下，我们的心情就会轻松，做事情的时候也会感觉到解脱。**

曾经有一位老人一生都在寻找幸福，于是他来到佛祖面前，对他说："万能的佛祖啊，请赐给我幸福吧。"

佛祖非常慈悲地对这个老人家说："请问老人家您今年高寿？"

这位老人回答说："我今年已经有60多岁了。"

佛祖感觉到非常奇怪，于是对他说："这不应该啊，您活了60多岁了，难道从来都没有幸福过吗？"

老人非常沮丧地说："是啊，佛祖。我10岁的时候整天只顾着玩耍，所以不知道什么是幸福；到了20岁的时候，整天忙着读书，为的是求取文凭，没

> 修己以清心为要，
> 涉世以慎言为先。
> ——弘一法师

有时间去幸福；30 岁的时候每天都在努力赚钱，为了结婚生孩子，所以也没有顾及到幸福；到了 40 岁每天想的都是升迁的事情，也没有时间去处理幸福的问题；到了 50 岁我本应该享受天伦之乐，但是为了我几个不争气的孩子也是到处求人，所以我也不幸福；现在 60 多岁就更痛苦了，每天都要遭受病痛的折磨……"

佛祖听完他的话之后顿时明白了其中的含义，于是对他说："老人家，看来是我欠了你太多的幸福了，现在我就想赐给你一些幸福，但是我看你的心中充满着功名、利禄、烦恼、仇恨……我赐给你的幸福不知道你该如何安放呢？"

老人家这才明白了其中的原委，于是果断放下了心中的功名、利禄、烦恼、仇恨……自然他也因此而感受到了幸福的感觉。

其实，得到幸福非常简单，只需要懂得"放下"就可以得到。

当然，要想做到"放下"并不是一件简单的事情，我们要有这样的觉悟之后，然后慢慢放下，慢慢去参透其中的奥妙，自然就可以得到幸福。

父亲有一天看着儿子抱着足球气呼呼地走了进来，原来儿子在一场足球比赛中输给了对方，因此而丢失了校园杯的第一名，所以感觉特别生气。

父亲有心要借这个机会教育一下儿子，于是走过去对儿子说："你现在可以放下了。"

儿子听到之后，就将手中的足球丢到了地上。

但是父亲还是对他说："儿子，放下！"

儿子听到之后，又将手中的护腿板和球衣扔到了地上。

但是，父亲还是对他说："儿子，放下！"

儿子不知道该怎么做了，于是他对父亲说："父亲啊，我现在手中什么都没有，我还有什么要放下的呢？"

父亲微微笑着说："儿子，我让你放下的并不是你手中的足球、护腿板和球衣之类的东西，而是希望你能够放下你心中的得失之心，以及不愿面对失败的倔强之心，如果你能做到这些那么就很了不起了。"

儿子顿时有了领悟，不再因为这场比赛的失败而懊恼了。

其实想要"放下"是一件非常难的事情。有些人获得了爱情，那么他就很难放下爱情；有些人博取了功名，那么他就无法放下功名；有些人获得了很高的地位，那么他就无法放下地位；有些人赢得了声誉，那么他就无法放下声誉……很多时候，我们拥有什么东西就无法放下什么东西，也正是因为这个原因才使得我们无法放下，让我们变得非常痛苦。

弘一法师对此有很深刻的理解，他讲道，如果想要获得快乐就需要放下心中放不下的东西。

这个世界上有多少人认为自己获得了幸福和快乐？可能有些人终其一生寻找幸福和快乐，但是最终却什么都没有得到。真正意义上的幸福和财富、地位都没有关系。越是安宁的幸福，越是不受外界环境的污染。

如果想要幸福，就从现在开始学着放下吧。我们现在可以试着告别过去，然后放下所有的杂念，重新开始我们的幸福生活。过去不管是得意还是失意都已经过去了，我们也无法对之前的生活做出修改，现在我们只需放下该放下的，不管是钱财、地位、名望还是其他什么，放下了我们就幸福了。

我们每个人都应该在当下的生活中学会"放下"，不要只记着以往的事情。努力放下心中执着追求的，有阻于我们幸福的东西。腾出我们内心的空间，不要让其他东西影响到我们的情绪，这样我们才能够幸福、快乐。

## ◎ 待人处世要做到心中无偏见

只有我们的心中没有了偏见，我们做事情才会做到相对公平；如果我们在处理事情的时候能够做到心中无我，那么我们才能够光明正大。

我们都知道，每个人心中对好恶的分辨不一样，也正是因为这种个人的好恶观念左右了我们的意见，从而产生了偏见，而这种偏见会导致我们做事情有失偏颇。一个人做事情如果失去了公平，那么就不会得到别人的信任，尤其是对于一个处于领导地位的人来说，如果有失偏颇，那么他们会失去下属的忠心，甚至会落得众叛亲离，三国时期的袁绍就是这样一个人。

袁绍当时主要统治着四川这块土地，而他的儿子袁尚统领着冀州、长子袁谭领青州、次子袁熙御幽州、外甥高干领并州。虽然袁绍的地盘非常大，但是他的文武百官一个个离开了他，因为袁绍打击到了他们的自尊心和积极性，所以他们有点心灰意冷了。不仅如此，在继承问题上，袁绍废长立幼，这种做法违背了传统做法，所以等到袁绍死后，他的儿子纷纷开始争权夺势，使得这个大家族很快从内部瓦解了。

其实从袁绍对位置的安排就可以看出他对自己的文武百官都有一定的偏见，一直认为他们都是一些外人，自然不如自己的儿子忠心，于是他让那些的确有才能，而且建有功勋的将领全部都"靠边站"。他的做法让很多官员都心灰意冷，自然也就没有人愿意为他效命了。

而关于继承问题，袁绍一直很喜欢自己的幼子袁尚，而且当时他们在一个地方，自然父子感情要比袁绍和其他儿子的深厚很多，也正是因为这个缘故他想让自己的幼子继承自己的位置，最终致使自己的儿子在他死后争权夺势，让整个家

> 无心者公，无我者明。
> ——弘一法师

族瓦解了。所以在处理事情上一定不要带有偏见，要不然只能导致可怕的后果。

其实，袁绍的个人偏见并不仅仅只是这些事情，还有很多小事情导致他的手下慢慢离开了他。

袁绍还是十八路诸侯的时候，他曾经向大家宣布说：有功必赏，有罪必罚，国有常刑，军有纪律，各宜遵守，勿得过犯。但是他的弟弟袁术出于私心，没有给孙坚发粮草，坑害了孙坚，但是他却装作什么都不知道，他不能够做到有罪必罚；当华雄搦战的时候，没有人可以出战，关云长请求出战，但是他一再考虑，"使一弓手出战，必被华雄所笑"，而等到关云长温酒斩华雄之后，他的弟弟又要将关云长和张飞这些小卒子们赶出营帐，但是他却一言不发，没有给有功劳的人赏赐，他的这种行为也是大大挫伤了战士们的心。

颜良、文丑已经跟随袁绍很多年了，他们屡屡建奇功，是袁绍的心腹爱将，但是这两个人在和曹操的军队作战时，全部被关云长所斩杀。但是二人被杀之后，袁绍没有露出一点悲伤的表情，当刘备提出要去劝降关云长的时候，他非常开心地说："如果我能够得到关云长，那么胜颜良、文丑十倍以上。"

还有一次，刘备曾经一度归顺于袁绍，他们一起合并攻打过曹操，但是当刘备提议要去说服刘表，然后联合攻打曹操的时候，袁绍竟然表态："如果能够得到刘表，那么将胜过刘备很多。"

袁绍的这些话听着就让人感觉心寒，他对合作者或者手下的这种薄情寡义，实在是让人受不了，那么谁还会对他忠心耿耿呢？袁绍的这种做法和曹操对典韦的以一祭再祭形成了一个鲜明的对比，这也就是为什么袁绍的部下一个个离他而去，而曹操却能够网罗天下英才的原因。

曹操在袁绍死后平定了河北，他当时感叹道："河北的义士真的很多，只可惜袁绍不知道该怎么用，如果能够合理重用的话，那么我也不敢小看袁绍啊。"

其实在袁绍的一生中充满着偏见，也正是他的偏见葬送了他。对此我们应该

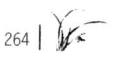

提起高度的重视，就算我们没有处于袁绍那样的高位，也应该在处理事情的时候做到去除偏见，只有这样才能够将事情做好、将事情做得公平，得到更多的赞成和支持。

# 第七课
# 惠不在大，在乎当厄；
# 怨不在多，在乎伤心

## ◎ 应当雪中送炭

不管是大恩惠还是小恩惠，只要是及时的恩惠就会对别人有帮助；同样，不管是很多的怨恨还是很少的怨恨，只要让对方伤心了，那么就有其危害性。

对于一个接受恩惠的人来说，他们并不在意恩惠的大小，关键是要看恩惠对他们有没有帮助，如果在他们最急需的时候，我们能够为其伸出援助之手，能够救对方于水火之中，那么这种帮助无疑是雪中送炭，肯定能够让对方铭记在心。锦上添花的帮助虽然能够让对方开心，但是比起雪中送炭的作用就小了很多。

我国古代著名的哲学家庄子曾经因为生活贫困而去向监河侯借粮。监河侯是一个非常吝啬的人，但是又很要面子，于是他对庄子说："现在不行，等过了一段时间我收了租子之后，就借给你粮食，而且还可以多借给你一些。"庄子知道对方是虚情假意的，于是想用一个寓言故事来讽刺对方。

庄子就对监河侯说："昨天我在来你这儿的路上听到一个声音在喊我，我定睛一看，居然在干涸的车辙里看见了一条小鱼，于是我就问它说：'小鱼，你需要什么啊？'小鱼对我说：'我是大海里的一条鱼，你能不能给我一些水让我活下去啊，我现在就要死了。'我就对它说：'当然可以啊，我现在就去劝说吴国和越国的国君,让他们同意我引西江的水来救济你。'小鱼则非常气愤地说:'我现在已经快死了,我需要少量的水就可以活下去,按照你的这个说法,那么你还不如直接到卖干鱼的菜市场去找我。'"

其实,这个寓言故事就是后来很著名的"涸辙之鲋"。就是告诉我们如果要给别人恩惠,那么就尽量及时。再进一步说,给别人恩惠不是为了得到别人的报答,其实那些接受我们恩惠的人会想着报答我们,尤其是在我们身处困境的时候,他们会想着来帮助我们。

我们再来看这样一个小故事。

战国时期,有一次中山国的君主遇到一位饥寒交迫的人,便主动用水泡剩饭给他吃,这本来是件很小的事情,事后中山君也忘得一干二净了,可是那个人却是刻骨铭心,始终对中山君感恩戴德,直到临死之前,还嘱咐他的儿子说:"将来中山君有危难的时候,你们一定要尽力去保护他。"后来,楚国攻打中山国,中山君落难出逃,这个人的两个儿子果然紧跟其后,誓死保卫中山君。对此,中山君深有感触,仰天长叹一声说:"与不期众少,其于当厄。"

再来看另外一个故事。

西晋时,廷尉顾荣应邀赴宴。席间上一道烤肉,侍者在布菜时,直咽口水,那样子像是馋得不行了。顾荣心中不忍,就把自己的那一份让给了侍者。此后过了许多年,西晋发生了"八王之乱",搞得国家一片混乱,民不聊生。这时远在边陲的匈奴首领刘渊发现了上天赐予的大好时机,派兵东下,灭掉了西晋。

这场灾难发生在永嘉年间(307-312年)。

> 惠不在大,在乎当厄。
> 怨不在多,在乎伤心。
> ——弘一法师

第七讲 惠吉 | 267

当时，异族的入侵，引起汉民族极大的恐慌，他们纷纷抛家舍业，扶老携幼地加入向南方逃亡的难民队伍。顾荣本是江南吴地人，自然毫不犹豫地率领全家加入到这支逃亡的难民之中。世道混乱，兵匪横行，逃亡的路上自是险象环生。但顾荣每每身处危急之时，总有人来舍命相救。渡过长江之后，顾荣找到救命恩人表示感谢，这才发现原来这个人就是当年那个接受烤肉的侍者。这令顾荣感慨不已。

及时给予的恩惠就好比是饥饿时的一碗饭，黑暗中的一盏灯，寒冷时的一件衣服，下雨时的一把伞，看似微不足道，却会让接受恩惠的人心里感到无比温暖，他们自然也会在你困难的时候及时相助。所以，人们常说锦上添花固可喜，雪中送炭更可贵。

## ◎ 再小的错误也是错误

很多人对自己一些细小的错误总是不以为意，认为这没有什么大不了的，但是他们没有想过日积月累这些小错误就会酿成大祸，从而让他们感觉到后悔。

很多人一旦遇到如下几种情况就会非常开心：偶尔的失言并没有给自己带来火祸、鲁莽行事之后却阴差阳错地取得了成功、偶尔的任性却得到了好处……这些事情虽然看起来是好事，但是如果遇到这些情况的人继续这样下去，那么他们终究会酿成大祸，最终总会让自己吃很大的亏。

人并不是圣贤，犯错误非常正常，但是要看我们会以怎样的心态去对待我们的错误。如果能够改正自己的错误，那么我们对人待事就会逐渐完善，人们也开始更加乐意接受我们；如果我们不约束自己的行为，尤其是自己的错误，那么就会让自己在错误的路上走得更远，最终会毁掉自己。

其实,"防微杜渐"说的就是这个道理,当不良的事情刚刚露出头的时候就要杜绝,要不然它会发展下去。

东汉和帝即位之后,当时窦太后专权。窦太后任命自己的哥哥窦宪做大将军,而且还让多个兄弟担任朝廷的要职。看到这个情况之后,好多文武大臣都非常着急,都为汉朝的天下捏着一把汗,其中大臣丁鸿尤其着急。

丁鸿是一个非常有学问的大臣,他对窦太后的专权非常气愤,决心要为国出力。过了几年,正好遇到了日食,在当时这种情况被认为是不吉祥的征兆,于是丁鸿借此机会给皇帝上书,指出了当时窦氏家族对国家的危害,并且提醒皇上如果能够亲手整顿政务,那么国家就可以长治久安,要不然后果不堪设想。本来汉和帝对此就有察觉,而且他也早有了打算,现在加上丁鸿的言语,于是他撤销了窦宪的官职,而窦氏的一些兄弟也因为这个事情相继自杀。

这个故事就是成语"防微杜渐"的由来。其实很多祸患都是因为很小的过失和毛病发展而来的。刚开始的时候很多人都喜欢"打擦边球",在没有触及到底线的时候都毫无内疚感,即便是偶尔的触及底线也不会在意,因为他们并没有看到触及底线而遭受到的惩罚,慢慢地他们就会将这件事情忘记,然后继续任其发展。等到触及底线的次数多了,自己的内疚感就丝毫没有了,人也就开始变得麻木,自然也就忘记了底线。

著名的《伊索寓言》中有一篇写小过失和小毛病最终带来大灾祸的寓言,这就是《贼和他的母亲》。

曾经有一个小孩子从他的同学那里偷来了一本书,他将这本书交给了他的母亲,他的母亲不但没有责备他,反而夸奖了他;等到第二次的时候他又偷了一个斗篷,同

> 省察以后,若知是过,即力改之。诸君应知:改过之事,乃是十分光明磊落,足以表示伟大之人格。
> ——弘一法师

样交给了他的母亲，他的母亲还是夸奖了他的行为。等到他长大了之后，开始偷窃一些更为值钱的东西，后来他干脆干起了这种勾当。后来有一次他在偷盗的时候被别人抓住了，他双手被反绑着带到了刑场，他的母亲在人群中看到他，非常伤心地捶打着自己的胸脯。就在这个时候，这个年轻人对押解他的人说："我能给我的母亲说几句话吗？"等到对方同意了之后，他走到母亲身边，然后非常敏捷地咬住了母亲的耳朵，他的母亲责骂他是一个不孝的孩子，这个时候他对他的母亲说："当初我第一次偷了别人的书时，你没有责骂我，反而夸奖了我。如果当初你管教了我，那么我也就不会到这个地步了。"

古人说，"千里之堤，溃于蚁穴"，如果我们对自己身上的一些小问题不加以注意和修正，那么这些小毛病就会酿成灾难，最后导致自己身败名裂，甚至国破家亡。所以就像弘一法师说的，我们应该对自己严格一些，这样会让我们免于灾祸。

# 第八课
# 善为至宝，一生用之不尽

## ◎ 肝胆相照地待人处世

曾经在一个古老的村庄里住着一位姓黄的老先生，黄老先生的祖上都是非常出名的木雕师傅，所以黄先生也练就了一手精湛的木雕手艺，不仅是在他们村庄里，就算是方圆几百里他都是非常有名气。

在黄先生居住的村庄旁边有一个香火非常好的寺庙，很多村民都愿意来这里供奉菩萨，于是很多村民都想将庙中的佛像请回去在家中供奉，所以寺庙里面的佛像经常供不应求。于是方丈决定多做一些佛像放在庙中，以备村民们所需。方丈派小和尚请来了黄老先生，希望他能够做九十九尊佛像方便寺庙用。

黄老先生当然答应了这门生意，于是他收了一定的定金之后，就开始率领着徒弟们辛苦工作了起来，等到黄老先生他们做好了九十九尊佛像的时候，他们选择了一个好日子将佛像送到了寺庙里。

方丈非常开心，他带领着小和尚们将这些佛像请到寺庙中，然后逐一摆放在需要供奉的佛堂上，大家都认为这些佛像很慈祥。但是方丈看了一会儿之后感觉有点奇怪，在这九十九尊佛像中有一尊和其他的有点不一样，但是谁也说不清楚是为什么。

方丈师父询问了好几个徒弟，他们都说不出来是什么原因。

> 以真实肝胆待人，事虽未必成功，日后人必见我之肝胆；以诈伪心肠处事，人即一时受惑，日后人必见我之心肠。
>
> ——弘一法师

但是这些徒弟都认为他们也有相同的感觉。

方丈师父想了想，认为可能是自己在问他们的时候，已经误导了他们的感觉，以至于他们也无法分辨这些佛像到底有什么不同。

有一天，有一位禅师正好从这座寺庙中路过，他进门来跟方丈师父打招呼，方丈师父就请他来看这些佛像，然后问他说："禅师，您有没有感觉到其中有一尊佛像和其他的佛像有所不同？"

禅师点了点头，因为他已经看到了那尊不相同的佛像，并且他还将那尊佛像指给方丈看。方丈对此就更加疑惑了，这些佛像都是黄老先生做的，怎么可能有一尊和其他的都不一样呢？难道是黄老先生又请了其他的木雕师傅来做这尊佛像，而自己可以省下一些费用？

于是，方丈师父将这尊佛像特意拿出来，然后等到第二天黄老先生来的时候，就以此来询问黄老先生，看这尊佛像是不是出自其他人之手。

黄老先生来了之后，看到方丈单独摆放的那尊佛像，然后就笑了。

黄老先生笑着对方丈师父说："这尊佛像还是我做的，我并没有借助他人的手，而且我也没有偷工减料。其实事情是这样的，有一个女施主听说我在为寺庙里做一批佛像，所以她特地从城里赶了来，然后说她要为自己嫁出去的女儿请一尊佛像以供奉，当时我正好在做这尊佛像。因为我也有一个女儿，听完她的话之后就非常有感触，我能够明白她的心思，我想到了我的女儿，所以我在雕刻的时候就格外用心，或许是因为这样的缘故吧，所以这尊佛像和其他的佛像看起来有一定的区别。"

听完黄老先生的话之后，方丈才明白了其中的道理，他重新将这尊佛像放到了佛堂之上，特意等待着那位准备为嫁出去的女儿请佛像的女施主。之后方丈师父非常有感触地对众位弟子说："在这些佛像中，有九十八尊都是为了生计而做的，而只有一尊是真心实意特地完成的。"

黄老先生后来想起当时的事情，脑海中总是会浮现出那尊佛像，因为这尊佛像是他诚心诚意做出来的。

其实所有的物品都是"死"的，但是，如果在其中灌入了自己真诚的情感，那么任何人看到之后就会感觉不一样了。就像上面故事中，那尊佛像就是因为注入了感情，才有了生命力。

由此可见，在人们相处的过程中，真诚待人的心态是必不可少的。

待人处世的时候需要真诚坦率，这才是生活的真谛。在我们的生活中，需要遵循真诚的可贵品质，只有这样才能够顺应万事万物的发展规律。

弘一法师一生讲究的是"真诚无欺诈"，他一再强调：我们应该对别人肝胆相照，让别人认为我们真诚而且值得信赖，如果这样做了就算事情没有成功，但日后他们会肯定我们的肝胆相照；如果我们在相处的时候没有做到肝胆相照，就算当时这个人迷惑于其中没有明白，但是时间久了必然能够觉察出来，到时候这个人就会认为你是一个不够真诚的人。

在我们的生活中，只有真心诚意对待他人的人才是最接近快乐的人。那些内心虚伪和奸诈的人，他们在和人们相处的时候总是极力来掩饰自己的真心，将表面功夫做得非常好，虽然人们短时间迷惑于其中，但是他的真实面目迟早会被别人看穿。"路遥知马力，日久见人心"，一个人的虚伪和奸诈终究有一天会暴露出来的。

第七讲 惠吉 | 273

## 第八讲　悖凶

人要学会宽容，以一颗宽容的心去接纳所有的事情，无论是赞扬还是贬低。拥有海一般广阔胸襟的人才能够笑看人生。同时人们还需要不断自省，能够自省的人才能够真正活出自我，才能够更清楚地看待一切。

# 第一课
# 盛者衰之始，福者祸之基

## ◎ "归零"自己之后重新开始

人们在生活中有时候可以试着将自己"归零"，然后重新开始生活，这样必定可以披荆斩棘，求取胜利。这种"归零"的生活方式是一种人生的大智慧和大能力。

曾经有一位老总，他曾经使一家濒临倒闭的小企业在几年之间扭亏为盈，但是在之后他又接手了一家快要倒闭的企业，这次却没有那么幸运，他没有力挽狂澜。

后来这位老总来到了昆山，他将自己"归零"一切从头开始。后来慢慢地他成为了昆山地产界非常有名气的企业家。有人问起他成功的秘诀，他说："我可以将自己'归零'，然后一步一个脚印重新开始，在这个过程中我可以拥有以往没有的勇气和能力。"

这位老总在多次起落中仍旧能够保持良好心态，这点值得我们很多人学习。

适时将自己"归零"，这样可以清除体内的垃圾，去掉虚荣和焦躁的习气，培养出积极面对人生的态度。不要再为以前自己所犯过的错误耿耿于怀了，也不要再躺在自己以往的成绩上睡大觉了，将自己"归零"，心无旁念地朝着美好生活前进。

一个成功的人都懂得"归零"自己的重要性，这样可以让他们戒骄戒躁，不将之前的成功当作包袱。

著名作家刘震云曾经说过："归零心态就是把自己心灵里的一切清空，把已经拥有的一切剥除。"

> 事当快意处，须转。言到快意时，须住。映答之来，未有不始于快心者。故君子得意而忧，逢喜而惧。
> ——弘一法师

曾经有一个落魄的篮球明星到一家洗车店打工，老板要求他在擦车的时候摘下他的总冠军戒指，因为戴着冠军戒指容易将车划伤，但是这位篮球明星拒绝了这个要求，他认为那枚戒指是他最后的荣誉，如果拿走它的话，他就什么也没有了，但是很快他就被汽车店的老板解雇了。

这个篮球明星就需要将自己"归零"，因为只有这样他才能够在人生轨迹上再次创造奇迹。就像球王贝利被问道"你认为你的哪个进球是最精彩的？"球王的回答永远是"下一个"。

金庸先生曾经被聘为浙江大学的教授，他接受采访的时候说："我以前写小说啊、办报纸啊感觉自己的才学还可以应付，但是现在做了老师就感觉自己的学问有些不够了，我现在就在研究五代十国时期的历史，希望可以有更好的书出来。"

冰心也曾经说过："冠冕，是暂时的光辉，是永久的束缚。一个人只有摆脱了历史的束缚，才能不断地迈步向前。"

前哈佛大学校长在北京大学访问的时候，讲起了自己的一段经历。

有一年，这位校长向学校请了3个月的假期，然后告诉自己的家人不要为他担心，也不要问他去了什么地方，他要独自待一段时间，他每个星期都会给家里打来电话报平安。

原来校长一个人去了美国南部的一个小村庄，他准备尝试一种全新的生活。他到一家农场去打工，还帮助一些小饭店刷盘子。后来他去了一个田地里帮助别人做工，他会和一些工友躲着老板在角落里抽烟，然后和他们聊天，他感觉生活很快乐。

最有趣的是，他最后到一家餐厅给别人刷盘子，在干了4个小时之后，他的老板叫住他，给了他一些钱让他走人。老板对他说："可怜的老头子，你刷盘子的速度实在是太慢了，你被解雇了。"

就是这样一个老头子，重新回到了哈佛大学，重新回到了他所熟悉的工作环境中，他此时却感觉现在的工作是那么有趣，他感觉工作就是一种全新的享受。

校长这3个月的经历就像是一个淘气孩子的恶作剧一样，非常刺激和新鲜。但是重要的是，他又重新回到了原始的工作状态，他感觉身边的一切都是那么有趣，他将自己体内那些多年积累下来的"垃圾"全部清除了。

要想成功就要一步一步来，但是时间久了重复的工作总会让我们感觉厌倦，所以我们就需要适时"归零"，忘记以往的成功，同时也忘掉之前的失败，重头开始迎接美好的生活。

## ◎ 换个角度去看待问题

一件事情的好坏并不能凭借一个人的主观意识来判断。因为每一件事情都有很多面，从这个角度看是坏事，或许换个角度看就会是好事了。学会换个角度看问题，会让我们的眼界变得更为宽广，不会让我们撞入死胡同。简单说就是，我们要学会变换角度，需要从长远的角度去看问题。

曾经有一位老人膝下有两个女儿，两个女儿成年之后，大女儿嫁给了洗衣店的老板，而小女儿则嫁给了雨伞店的老板。本来两个女儿过得非常幸福，但是自打两个女儿出嫁之后，老人整天都眉头不展。

> 恶，莫大于纵己之欲。祸，莫大于言人之非；施之君子，则丧吾德，施之小人，则杀吾身。
> 
> ——弘一法师

因为在遇到晴天的时候，老人就会担心二女婿的生意不好，会让自己的二女儿生活不好；而到了雨天的时候，他又会担心大女婿的生意，因为衣服晒不干，会让客人不满意，那么大女儿的生活就会有问题。所以他每天都处于不快乐之中。

后来有一个聪明人看出了老人的问题，于是对他说："您的命可真是好啊。"

这个聪明人对他说："在遇到晴天的时候，您大女婿家的洗衣店的生意肯定会很好，衣服都能晒干，都没有什么惆怅的了；就算是雨天的时候，您也应该感觉到开心，因为您小女婿家的雨伞店生意肯定会很好，那么您的小女儿就会过上好日子了。不管处于什么天气，您都会感觉到开心，这实在是好福气啊。"

老人听完聪明人的话之后，感觉非常在理，于是他就变得开开心心了。现在，每天的天气依旧在变化，但是老人的想法发生了变化，所以他每天都过得很开心。

很多时候，我们只要换个角度去看待问题，那么很多事情就变得"阳光"了。一个人如果想要得到幸福，就不能老是将眼光盯在消极的东西上，要不然只能让自己的烦恼加重。消极的态度会让原本幸福的人生变得非常黯淡。悲观的情绪会让自己沉浸在困境中，但是我们如果能够改变自己看待问题的角度，或许一些悲观的事情会变得不那么悲观。就好比"塞翁失马焉知非福"的故事一样。

曾经有两个水桶一同吊在井口上，其中一个水桶对另一个说："你怎么看起来有些不开心，是不是遇到了什么不愉快的事情？"

另一个水桶非常沮丧地说："我现在想，我们每天的工作都很没有意义，我们经常装满了水，然后又变空，每天都是这样重复。"

第一个水桶说："原来你是在烦恼这个问题，我和你的看法倒不一样，我感觉很有意义，因为我认为我们是空空地来，然后满满地回去。"

相同的遭遇，但是看待的角度不同，则会产生完全不同的心情。如果我们在看待一件事情的时候只知道看着不好的一面，那么就会让自己一直陷入痛苦之中；如果我们能够换一个角度去看问题，就会豁然开朗，原来我们所遭遇的事情还没有那么糟糕。有时候只需要将低下的头稍微抬起来一点，朝着上面看，那么我们就会感觉天空是如此宽广，一个人的心胸自然也就开阔了。要知道，任何事情都有不同的一面，我们所看到的未必是事情的全部，如果我们在看待事物的时候能够尝试着通过不同的角度去看，那么或许就会有意想不到的收获。

我们在遇到事情的时候，需要换一个角度去看待问题，换一个思考的方式，调整自己的心态，就会得出不同的结论，事情的结局也就会随之而改变。快乐和悲观犹如双胞胎，它们会同时出现，关键就在于我们是在寻找快乐还是在寻找悲观。主观的人生能够决定客观的现实，不管是快乐还是悲哀其实都掌握在我们自己的手中，要看我们怎么去看待。

# 第二课
# 穷寇不可追，遁辞不可攻

## ◎ 给别人和自己都留有余地

战国时期，秦国的李斯有着极高的威望，他的地位非常高。后来他的大儿子李由还做了三川郡守，他的儿子都娶了秦国的公主为妻，同样他的几个女儿都嫁给了秦国的皇族。

有一天，李斯的大儿子时任三川郡守的李由因病休假回到了咸阳，李斯见到儿子之后非常开心，于是就在家中大摆筵席。文武百官听到消息之后都纷纷前来庆祝李公子返乡。

李斯看到这个场景之后，说："以前荀卿说过，'事情不要过头'，我都没有在乎，现在看来我一个上蔡的草民到了今天的地位，真是受了多么大的恩宠啊。现在皇帝给了我这么高的地位，普天之下一人之下，万人之上，可以说是绝对的荣华富贵啊。但是我时常在担忧，一朵花开到了极限的时候就会有所衰败，同样一个人达到了非常高的地位就很容易掉下来，所以我现在非常担忧。"

李斯在这一点倒是有先见之明，果然他之后有了很惨的下场，他被赵高所陷害，被秦二世处以腰斩的酷刑，而且还被灭了全族，以往的所有荣华富贵都成了过眼云烟。

> 物忌全胜，事忌全美，人忌全盛。
> ——弘一法师

人们在工作中没有必要强求过高的地位和名誉，如果到了树大招风的地步，就会置于危险之中，最后只能让自己倒霉。

《三国演义》中诸葛亮曾经七擒七纵孟获，最后让他心服口服地归顺，这个故事一时间被传为佳话，换了其他人早就将孟获一刀斩了不可能容他活那么久。但是诸葛亮是刘备的军师，可以说是三国中最聪明的人，他当然知道如果一刀杀掉了孟获，那么这个地方的民众肯定不会服从于他，最终只能为蜀国增添了灾祸。所以他给孟获留了一条生路，也为自己留了一种可能。就在他给了孟获第七次机会的时候，孟获第八次被抓住之后，终于得到了孟获的真心，孟获愿意真心投靠蜀国，同时也对诸葛亮本人佩服得五体投地。

通过这个故事我们可以看到，给别人留有余地其实就是给了自己一种成功的可能，或许给别人的余地能够为自己以后免除不必要的失败和麻烦。

弘一法师曾经讲道："做人应该给别人留有余地，也给自己留有余地。人在做事情的时候不要渴望着做到全胜，将别人赶尽杀绝，这样会物极必反，会引起别人'破釜沉舟'的反击，这样只能让双方'鱼死网破'。"

"乐极生悲，物极必反"，世间的任何事情都有其发展规律，我们一定要注意，任何事情达到了最高点就开始向反面走，时刻掌握这种规律，才能够确保自己的成功。

盛极必衰是历史的发展规律，任何国家和朝代都是经历了这样的过程，我们个人更是无法在其中改变，所以我们不要争强好胜，不要想着将事情做到完美，要不然到头来会一场空，在我们有限的人生中保持那份纯真和美好才是最重要的。

韩非子曾在《说林》中这样写道："刻削之道，鼻莫如大，目莫如小，鼻大可小，小不可大也，目小可大，大不可小也。举事亦然，为其不可复也，则事寡败已。"

韩非子的意思就是说做工艺木雕的关键，刀下雕刻的鼻子一定要大，而眼睛一定要小。因为鼻子如果雕刻太大了，和脸形不相称，那么一点点修改；做小了就没有办法修改了。眼睛呢要做小，如果和脸形不相称可以慢慢扩大修改；如果做大了则就无法修改了。这其实就是在告诉我们平日里做事情应该留有余地，想着修改的办法，或者想到后路，这样才能够将事情办妥，从而不至于遭受到失败。

《菜根谭》中还说道："待人而留有余，不尽之恩礼，则可以维系无厌之人心；御事而留有余，不尽之才智，则可以提防不测之事变。"

这也是在告诉我们在处理事情的时候要尽量留足余地。弘一法师对这种观点也非常肯定，认为人们在生活中遇到不顺利的事情非常正常，但是，如果没有留下余地，那么就会让自己遭遇不顺时不知所措，会导致最终的失败。

我们在遇到事情的时候多一些考虑，这样就不会耽搁太多的时间，给别人留下余地，同时也为自己预备一条"逃生"之路。要知道外界的变化瞬息万变，如果没有居安思危的精神，很容易让自己遭受到失败。

我们在理解了这个道理之后，就需要做到。以后做事情的时候就要懂得厚道，任何事情都网开一面，给别人留下足够喘息的空间，说话也不要太刻薄。只有这样我们才能够远离灾祸，同时别人也会为我们的做法而感激我们，之后肯定会以感恩之心来对待我们。

我们给了别人一些余地，相当于给了别人一次机会，这样可以避免多出一个敌人，我们何乐而不为呢？做事情懂得给别人和自己留有余地，会让自己的心胸变得更为宽广。

## ◎ 懂得劝说别人的技巧

我们在劝说别人的时候一定要注意不要激起对方的逆反心理，一定要让对方感觉你和他站在同一条线上，这样他们就会顺着你的思路来思考问题，等火候差不多的时候，我们就要抓住机会，然后从侧面劝说他，这样对方就可以认识到自己的错误了。

楚庄王有一位叫优孟的宫廷艺人，他身高八尺，而且很会辩论，楚庄王非常喜欢他。

楚庄王有一匹自己非常喜欢的马，他对这匹马非常重视，谁知道这匹马很快因为肥胖而死掉了。楚庄王非常伤心，于是吩咐自己的手下要将这匹马厚葬。很多臣子都来劝阻他，认为这样做不可以。楚庄王对此非常生气，于是下令说："有谁敢于就这件事情说来说去的，那么我就杀死他。"

优孟听说这件事情之后，就准备去劝劝楚庄王。优孟走进殿门之后就开始大哭起来，楚庄王非常吃惊，问他是什么原因。优孟说："这匹马是大王珍爱之物，现在厚葬它又有什么不可以呢？我们楚国这么强大，我们应该以更为盛大的仪式来安葬它，最起码要按照国君的仪式来安葬。"

楚庄王明白了优孟话中的意思，只是将那匹马按照普通的仪式葬了。而楚庄王处理这件事情的态度赢得了众位大臣们的肯定，同时优孟的行为也得到了人们的尊敬。

其实，还有一件事情能说明优孟是一个非常懂得劝说别人的人。

楚国国相孙叔敖在帮助楚庄王治理国家的时候非常有政绩，楚庄王也非常重视孙叔敖。但是孙叔敖逝世之后楚庄王慢慢淡忘了他的功劳，对他的族人丝毫不照顾。于是优孟想就这件事情劝告楚庄王。有一天，优孟穿着孙叔敖的衣服，然后模仿着他的神态，走到楚庄王面前行礼。楚庄王非常吃惊，以为是孙叔敖复生了。优孟对他说："楚国的国相可不能做，就像孙叔敖虽然做了很多的政绩出来，但是他的儿子在他死后却无以为生。"楚庄王这才看清来人是优孟。紧接着优孟还模仿着孙叔敖的声音唱了一首歌，歌词是："贪官污吏享荣耀，子孙不愁穷，有的是民脂和民膏；公而忘私就糟糕，你先看——楚国令尹孙叔敖，苦了一生，身后萧条；子孙尤其苦，没着没落没依靠；劝你不必做清官，还是贪官污吏好！"楚庄王听完之后，一方面感觉非常感动，另一方面又很惭愧，于是封赠了孙叔敖的儿子和族人。

> 曲木恶绳，顽石恶攻。责善之言，不可不慎也。
> ——弘一法师

优孟之所以是一个善于劝谏的人，就是因为他用到了先顺后逆的"夸大法"，他的行为不但没有激起楚庄王的反感，而且还让楚庄王自己认识到了自己的错误，还积极改正了自己的错误。如果我们在劝说别人的时候能够像优孟一样，那么很多事情就很容易达成了。

# 第三课
# 不近人情物情，举足尽是危机

## ◎ 自省中提高自己的品行

很早以前有一个女人总是背着丈夫偷偷去和自己的情人约会。有一天，这个女人同样打扮得花枝招展去小河边约见情人，但是她等了很久也没有看到自己的情人。就在这个时候她看到一只狐狸叼着一块肉从这里跑过，当狐狸看到水中鱼的时候，突然停下来跳到水中去捕鱼，但是鱼并没有捕到，于是它又重新回到岸上，当它回到岸上的时候，它刚才叼着的肉却被路过的乌鸦抢走了，那个女人于是嘲笑狐狸说："馋嘴的狐狸啊，你扔掉了自己的肉，而去捕捉水中的鱼，现在弄得两手空空了吧。"

狐狸则反击道："你还不是和我一样，抛弃了自己家中的丈夫，然后偷着出来和自己的情人约会，你现在没有等到情人，难道不是和我一样两手空空吗？"其实故事中的女人只想着指责狐狸了，却忘记了自己所犯下的错误，完全没有想到他们之间是相同的境遇。

很多人喜欢去指责别人，却不知道反省自己，甚至感觉反省比登天还要难。很多人都有错误，关键是要懂得去反省，要不然将不会有提高。

自省就是自己对自己的检查。只有认识到了自己的缺点，才能够提高自己。

只有在自省的过程中，才能够不断纠正自己的缺点、改掉自己的错误，慢慢走向成熟。自省能够不断让人趋于完善。孔子的学生曾参就强调，每天都要反省自己，而且最好多反省几次。每天我们需要考虑我们对朋友是不是真诚、对老师传授的知识或者自己学到的知识足够了解、有没有对身边的人付出爱……我们每个人需要天天这样反省自己，将自己的不足之处一一改正，最终自己就会成为一个学识渊博、人缘很好的人。

> 今人见人敬慢，辄生喜愠心，皆外重者也。此迷不破，胸中冰炭一生。
> 
> ——弘一法师

自省其实是品德中最为重要的部分，也是治愈一个人错误的良药。当我们处于迷茫的时候，自省能够防止我们掉入罪恶的陷阱之中；当我们的心灵扭曲的时候，或者我们沾沾自喜的时候，自省就像是一道清泉，能够将我们思想中一些轻薄和浮躁的东西全部洗涤干净，会让我们的生命重新燃起火花。

自省最主要的目的就是找出我们之前的过失并且对此纠正，所以自省的过程一定不能陶醉于以往的成绩之中。在自省的过程中还需要以安静的心态去面对和自省，古人一直在讲"静坐常思己过"，只有在安静的心态中才能够不受到任何感情的影响，才能够看到自己的本来面目，会将之前没有注意到的过失全部反省出来。

我们只有善于发现自己的过失、敢于承认自己的过失，才不会陷入过失之中，可以及时改正过失。人们经常看不到自己的短处，很多的缺点都需要别人来指出，所以我们在面对别人的规劝时不要激动，接受别人的批评，然后再去反省更能够找到自己的缺点。

俗话说"忠言逆耳利于行"。往往那些我们不愿意听的话可以让我们看到自己的另一面，然后再去反省的话，就很容易找到自己的缺点。

唐太宗李世民就是将大臣魏徵比喻为自己的一面镜子。正是因为这位大臣敢于当面进谏，所以唐太宗李世民改正了自己很多的缺点，从而迎来了这个国家的空前繁荣。其实李世民之所以能够取得如此的成绩，一方面得益于魏徵的敢于直言，另一方面还因为李世民本人是一个特别善于反省自己的人。我们来想想，如果李世民是一个完全听不进别人意见的昏君，那么魏徵岂不是早就人头落地了，更不要说"大唐盛世"了。李世民每次在听完魏徵的金玉良言之后，都会不断反省自己，认真检讨自己，所以让这些听起来不是很顺耳的指责变成了治国安邦的好见解。

自省的过程非常痛苦，因为有一个自我解剖的过程。这就好比一个人拿着刀割着自己身上的毒瘤，这需要很大的勇气。其实一个人认识到自己的错误并不是非常难的事情，但是要以一颗坦诚的心去看待这个毛病，并且接受而改变它就很难了。一个人懂得自省是大智慧；而敢于自省，则是大勇气。虽然割毒瘤的过程非常痛苦，但是我们剔除了毒瘤。我们需要提高自省的勇气，只有这样我们才可以做到事事反省、时时反省。古人云："君子之过也，如日月之食焉。过也，人皆见之；更也，人皆仰之。"每个人都有犯错误的时候，只有那些犯了错误之后，积极反省，并且改正错误的人，才会得到别人的尊敬。

一个人如果能够看到自己的过失，那么一定要坦然面对，切不可隐藏起来。自己有了好的品行需要坚持下去；同样，自己有了错误也要重视，一定要做到根除这个错误。要发现自身的错误就要做到积极反省。

## ◎ 本真的生命让我们感觉到快乐

人在幸福的时候会开怀大笑，这是所有人都赞同的观点。但是每一次笑并不能代表幸福，很多人在达到幸福顶端的时候有可能"喜极而泣"。

有人会纳闷这些人为什么要哭？其实他们的哭和心情没有多大的关系，完全是一种本性的流露，一种真性情。

现在的人在社会中熏染了太久，往往那些活得比较简单的人反而能够获得更多的幸福和快乐。

有一天，智者和徒弟一起散步，他们在路上听到了一些野鸭的叫声，于是智者问道："这是什么声音呢？"

徒弟回答说："这是野鸭的叫声。"

过了一会儿之后，智者又问道："现在怎么听不到刚才的声音了？"

徒弟回答说："它们已经飞走了。"

智者回过头，使出全力拧着徒弟的鼻子，徒弟因为疼痛而大叫起来。

智者对他说："再说飞过去！"徒弟听完之后顿时醒悟过来，他回到宿舍之后顿时感觉到了痛苦。

和他一起住的人问道："你是想自己的父母了吗？"

徒弟回答说："我没有。"

对方又问他说："那你是被人家骂了吗？"

徒弟回答说："也没有。"

对方则说："那么你到底哭什么呢？"

徒弟说："我的鼻子被智者拧疼了，现在非常疼，所以我很难受。"

对方又问道："你和他有什么意见不统一的地方吗？"

徒弟说："你还不如去问他去。"

于是一起住的人找到了智者大师，然后问他说："徒弟到底有什么机缘不契合吗？他现在在宿舍里哭泣，你能告诉我，这是什么原因吗？"

智者大师说："他现在已经醒悟了，你现在去问他吧。"

一起住的人回到宿舍之后，对徒弟说："智者大师说你已经醒悟了，现在他让我来问你。"

徒弟则哈哈大笑。

一起住的人说："刚才你明明在哭泣，现在为什么又笑了呢？"

徒弟说："对的，刚才我是在哭，现在是在笑。"

一起住的人还是不能够明白。

其实关于这样的故事在苏东坡身上同样发生过一次。

宋朝时苏东坡非常喜欢和一些高僧一起出游。有一次,苏东坡约好和几位高僧一起出行,他们是徒步去的,但是他们不知道路途是那么遥远,是那么艰难。他们从早上出发一直走到黄昏,他们个个是饥肠辘辘、气喘吁吁,终于他们找到了一个小酒店,然后他们坐到一个饭桌旁,一边喝着茶,一边招呼着小二过来给他们上饭。

店里的小二听到他们招呼,就笑着过来了,递给他们一个菜谱,然后在后面等待着他们点菜。苏东坡非常不耐烦,对小二说:"还点什么啊,我们几个都快要饿死了,你们这边有什么让人能吃饱又可口的饭菜赶紧端几大碗来。"小二非常不解,但还是拿着菜谱到厨房里去吩咐了。

原来小二看到他们几个人衣饰端正认为他们对吃的有讲究。事实上是这样,他们几个人都是在吃上挑三拣四的人,平日里几个人一起去饭馆吃饭,他们总是嫌弃饭菜的味道,或者会嫌弃饭菜的色泽不够,有时候还会嫌弃饭菜的搭配不够。他们个个的嘴巴都很刁,就好像他们都是美食家一样。

其中一个高僧笑着问苏东坡说:"今天有点奇怪,你怎么不点自己喜欢的几道菜了呢?"

苏东坡皱着眉头说:"我现在都饿到这种程度了,填饱肚子才是最重要的。现在谁还顾得那些乱七八糟的菜呢?"

依照苏东坡的意思,他们以前点菜完全是因为肚子不够饿,所以他们才会有雅兴点上几个菜,提出很多奇怪的意见。那些菜肴都不是用来充饥的,只不过是他们的一些小情趣而已。

> 智者达观三世,念念知非;愚人只重目前,憧憧造恶。
> ——弘一法师

其实生命中最看重的是一些真实的东西。就比如非常饥饿的时候的一碗饭、寒冷时候的一件棉衣、在黑夜里的一盏照明灯、休息的时候的一张床、行走时一双耐穿的鞋子……这些是最关键的东西，至于饭的味道啊、棉衣上面的花色啊、灯光的颜色啊、床的高度啊、鞋子的牌子啊之类的人们已经不在乎了。这些都是关键中的点缀，他们并非是生命中不可或缺的东西，没有也就没有了，在真正需要的时候人们根本不会重视这些东西。

　　本真是一种非常强大的力量，它能够让人们在路途中感觉不到疲惫；本真也非常轻盈，它可以让我们的生命变得更加美好。其实去掉一些不必要的欲望，去掉生命中装饰的那些东西。让我们每个人能够还原本真，捧着我们简单和纯洁的心灵生活。只有我们的生命回归到本真的时候，我们才能够完全快乐地生活。

# 第四课
# 富贵家需从宽，聪明人要学厚

## ◎ 修炼自己的宽容和正直

春秋战国时期，晋国的晋平公是一个人人称赞的大王。

当时，晋国南阳的一个县官空缺，晋平公准备派遣一位有学问的人前去填补这个官职，但是他心中没有合适的人选，于是他召来大臣祁黄羊来询问意见。

晋平公对祁黄羊说："依你之见，你认为谁可以胜任这个县官之职？"

祁黄羊思考了一会儿说："主上，我认为解狐是比较合适的人选，这个县官他做应该是再合适不过了。"

晋平公听后非常吃惊，他对祁黄羊说："我听说解狐可是你的仇人，你居然还推荐了他，这实在是让我想不明白。"

祁黄羊则非常淡定地说："主上，你是在问我谁更适合做这个地方的县官，而不是问我谁是我的仇人啊。"

晋平公顿时认为祁黄羊是一个公平的人，他在举荐别人的时候毫无私心，于是就听从了他的建议让解狐去做这个地方的县官了。解狐的确是一个人才，在上任的一段时间里，他做出了很多成绩，南阳的百姓都夸赞他是一个好官。

又过了一段时间，晋平公看到朝廷中的一个法官之职空缺，他想起了上次解狐的事情，于是又一次召来祁黄羊，然后对他说："现在有一个法官的职位空缺，依你的意思你认为谁可以担任这个职位呢？"

祁黄羊思考了一会儿对晋平公说："主上，我认为祁午能够担当这个法官的职位。"

晋平公听完之后哈哈大笑，他认为很奇怪，于是便问祁黄羊说："别人在推荐的时候都会避开自己的亲戚和家眷，难道你不知道祁午是你的儿子吗？你怎么还敢举荐他？"

祁黄羊点点头算是肯定了晋平公的问题，然后非常从容地说："主上，祁午是我的儿子不假，但是您是在问谁更适合官里法官一职，而并没有问我谁是我的儿子啊。"

晋平公听完之后哈哈大笑，更加认可了祁黄羊这个人，他知道祁黄羊是一个公正贤明、不偏不倚的人。

在后来，晋平公听从了祁黄羊的建议让祁午做了官里的法官，而就像祁黄羊所说，祁午的确是一个称职的法官，他公正执法成为了一个人人爱戴的好法官。

其实一个正直的人在做事情上并不是将自己的私欲放在第一位，而是将公平放在第一位，就像祁黄羊一样，他在推举人才的时候可以不在乎别人和自己的仇恨，同时也可以不在乎别人和自己的亲属关系，因为他更看重谁更合适去做这个官职，而不是一己私欲。

正直者的内心没有任何的私心和杂念，他们更加诚实本分，性格里还有憨厚耿直的特性。这种人做事比较稳重，在看待他人上也特别公平，他们不会站在自己的角度评判别人，凡是他们给予的评价都是可以借鉴的，是真诚的。这种人在做事情上令人放心，同时也值得别人倚重。

这样的品格非常难能可贵，如果一个人能够拥有这样的品质，那么他们就可以在自己的事业中拥有一番作为。

从前有个地方，生活着爷爷和孙子两个人。孙子聪明伶俐，非常好学，在别人的夸奖中，孙子逐渐长大成人了。

事实上这个年轻人的确是一个非常聪明的人，他脑筋转得很快，而且他对知识的领悟也非常快，他也会经常和自己的同伴们交流心得。但是年轻人有一个毛病，他更喜欢和聪明的人交流心得，因为他感觉这样会很愉快，不用自己说很多话，就能够让对方明白自己的意思；他不怎么愿意和资质较为愚钝的同伴们交流心得，每当他遇到较为愚钝、知识浅薄、说话逻辑不清的同伴时就不会掩饰自己内心的急躁，几乎每一次他都会气急败坏，和对方争吵起来。

有一天，年轻人遇到了一个同伴前来请教他一些问题，他给这个同伴讲了好几次，这个同伴都无法理解。于是他非常生气地说："难道你是猪脑子吗？你怎么就是听不懂呢？"爷爷听到了他们两人的争吵，于是走过来批评了年轻人，但是再一次遇到这种情况的时候，年轻人还是控制不了自己的情绪。

后来，有一天年轻人上山打柴，这一次的遭遇和经历让他彻底改掉了这个毛病。

这一天，年轻人在山上打了很多柴火，他心情特别好，于是准备挑着自己打来的柴火回家。当他路过一条小溪休息喝水的时候，看到了山里的一只猴子，这个猴子和年轻人是好朋友，它经常在山里出没，如果看到年轻人的话，它就会跑过来，然后和他一起玩耍一会儿。

这天年轻人和猴子玩耍了一会儿之后，年轻人洗完脸准备用毛巾擦脸，但是毛巾在较为远的地方，他非常累不想自己起身去拿毛巾，于是他示意让小猴子去帮他把毛巾拿过来。

小猴子并没有明白年轻人的意思，它跑过去给年轻人拿来了一根木柴，然后递给了年轻人。

年轻人哈哈大笑，这一次他不但没有生气，反而感觉非常好玩，于是他又对小猴子比画着，让它再去拿一次，临走的时候，还不断给小猴子挥舞着手臂说："毛巾啊，毛巾啊。"

小猴子挠了几下头，然后跑过去，还是拿着一根柴火回来了。

没想到年轻人这次的笑声更大了，他决定要再教小猴子一次，他拿起一块石头扔在了毛巾上，然

> 以宽厚的心胸来对待同仁、朋友，就像沐浴春天的阳光一样。
> ——弘一法师

后又指着毛巾说："就那个，用来擦汗和擦水的。"

小猴子第三次过去的时候，依旧还是拿着一根木柴过来了，脸上还露出了非常得意的表情，就好像自己这一次做对了一样。它非常得意，但是年轻人却笑弯了腰。

最后年轻人没有办法，只能自己起身拿起了毛巾。年轻人挑着柴火回到家之后，就将这件事情讲给了爷爷听。

爷爷听完之后哈哈大笑，然后对他说："我感觉非常奇怪，平常你和伙伴们在一起学习的时候，如果你讲上几次他们听不明白的话，你就会大发脾气，为什么这一次你教了小猴子三次，它还是没有明白，你反而不生气，还感觉他特别好笑呢？"

年轻人听完之后呆住了，他说道："小猴子听不懂人的语言很正常，因为它只是一只猴子。但是伙伴们都是人，听不懂我就感觉非常奇怪，这不应该啊。"

于是爷爷反问他说："什么叫做不应该呢？为何他们听不懂就不应该呢？这个世界上有这么多人，每个人都有所不同，人的资质也有不同，人的聪明程度也有所不同。不能用一种要求去要求所有的人，当然，一个人聪明并不是什么功劳，一个人笨一些也不是他的过错。就算是两个人的智商完全相同，但是由于后天接受的教育不同，对学问的领会能力和程度自然也有所不同。一个人的想法和认识差异非常大，你又凭什么认为谁应该懂，谁不应该懂呢？"

年轻人听完爷爷的话之后，非常惭愧地低下了头。

爷爷又对他说："虽然今天某个伙伴的聪明不如你，可能会被你瞧不起，被你说笑……但是难保明天他的学问不比你大，到那个时候你又该怎么办呢？难道他也要鄙视你吗？难道你能够忍受他的鄙视吗？"

年轻人彻底低下了自己的头，知道自己错了。

爷爷又对他说："其实你最大的问题还不在这个地方，你最大的问题是没有用宽容的眼光去看待事物，没有用宽容的心去思考问题。"

年轻人听完之后感觉自己懂得了很多，于是跪下来给自己的爷爷说："爷爷，您现在教教我吧。"

爷爷则微微笑着说："其实这并不是什么难事，你想想看，小猴子和你的伙伴同样都不能理解你的意思，但是为什么你会对伙伴们生气，而会感觉小猴子非常可爱呢？其实他们没有改变，问题就出在你的身上。你不会对小猴子发怒，是因为你感觉小猴子只不过是一只猴子，你要比他高一等，你认为自己拥有比它更高的智慧和学问是应该的事情，所以你不会计较它的过失和错误。但是你的伙伴们和你是同样的人，你认为自己的脑子和他们的脑子都相差不多，所以你无法容忍他们的错误，如果你给他们讲解多次他们还不能够理解的话，你就表现得非常生气。你想想如果这件事情是一个非常大度的人来做，他会怎么做呢？他应该能够容纳世界上的所有。"

年轻人终于明白了过来，后来年轻人认真学习，任何事情都以宽容谦虚的心态去看待，最后终于成为了有作为的人物。

人世间所讲究的宽容之心包含很多内容，人们不仅仅要对自己爱的东西加以爱，还要对自己的冤家都能够宽恕和包容。宽容你不喜欢的人更是一种大学问和大智慧。

如果一个人能够宽容自己身边的一切，那么他就是一个拥有正直之心的人，也正是因为他的正直和宽容，才会使得他不偏不倚，任何事情都能够公平地对待。

弘一法师就是这样一个宽容之人，就算周围的人嘲笑了他、侮辱了他，他也会一笑而过，因为他的胸襟犹如浩瀚的夜空，任何事情都可以包容。如果有些人因为误会或者其他的原因而无法理解弘一法师，他都会原谅和包容对方。弘一法师会用自己端正的言行来改变对方和感化对方，但是他不会强求于对方，他并不强求世界上的所有人都能够理解他和他的行为，他只求自己能够依靠一颗良心和善心去做事情，问心无愧就可以了。其实宽容他人，不仅能够给他人一次改过自新的机会，而且能给自己带来一份安宁和祥和。

如果在我们的生活中人们都能够明白宽容的价值和意义，那么人和人之间的关系会变得更加和谐。这样我们的生活就会充满着快乐和幸福，我们也能够从中获得一种祥和和安宁。

其实，真正的宽容并不是去改变对方，事实上任何一个人都是很难改变的，宽容更主要的是包容和接纳对方，然后等待他的改正和进步。每个人都拥有属于自己的个性，我们没有必要按照统一的要求来衡量所有人，没有必要将所有人装进同样的一个瓶子中。

我们要有意识培养自己宽容和正直的品格，同时这也是人们不断超越自己的过程，我们可以通过这种修行让自己解除执着，放下自私。这样我们就会变得越来越宽容和正直。我们的心量就会变得越来越大、心也就会变得越来越清静。让我们放下自己的私欲，将愤怒和怨恨全部剔除，让我们的生活更加美好。

## ◎ 拥有好心态从而改变自己的命运

我们在生活中，总是能够看到两个人互不相让的争吵场面；我们在生活中还会经常碰到很多人总是喜欢抱怨，不管是工作方面的事情、福利方面的事情、婆媳和邻里之间的关系，等等，这些都会成为他们抱怨的对象。其实这些争吵和抱怨完全可以规避。这些人之所以无法放下争吵和抱怨，是因为他们的心态和心境不够平静。

很多人都明白"境由心生"的道理，一个人的心境决定着一个人的处境，同时也决定着这个人的命运。我们要把握好自己的心态，以一种平静的心态去看待周围的事物，以一种冷静的心态去分析周围的事物，这才是最高明的选择。所以每天早上起床的时候不妨给自己一个微笑，让自己拥有好心情，这样开始的一天，将会有好的运气相伴。

曾经有这样一个寓言故事。讲的是一只蜘蛛在大雨之后艰难地向墙上已经支离破碎的蜘蛛网爬去，当它爬到一定高度的时候，因为墙面太滑而掉下来，于是它这样一次又一次地掉了下来……这个时候第一个人看到了这只蜘蛛，心里想："我的生活不就和这只蜘蛛一样嘛？每天都在忙忙碌碌却没有任何的收获。"于是他变得消沉；而第二个人看到了之后，心里想："连蜘蛛都有这样好的心态和进取精神，我也应该更加努力。"自此之后他更加努力，终于取得了成功。

通过这个寓言故事我们可以看到，世界上的任何事情都可以以两种心态去看待：一种是阳光的，而另一种则是幽暗的。就像拥有两面的钱币一样。而我们的心态取决于自己，好的心态能够让自己快乐向上，感觉生活充满着希望和正能量；而糟糕的心态只能让我们感觉到失落和难过，会让我们失去快乐和幸福。一个人的心态最终决定着他是喜还是悲，而这一喜和一悲只在一念之间。心态能够决定人们的命运，关键要看我们如何看待。既然心态如此重要，那么我们该如何拥有一份良好的心态呢？

要想拥有一份好的心态，关键是要学会调节自己。生活中充满着变数，不可能一成不变，不管是生老病死还是天灾人祸都时有发生。不管是朋友的误会还是亲人的伤害，就算是陌生人的一句伤人的话，这些都会使我们的心情变得糟糕，此时我们就需要学会如何调节自己的心态。

最简单的办法就是用积极的心理暗示替代消极的心理暗示。如果有人说"你太差劲，你还不行"的时候，你就要想到"在这个方面我还有希望，只要我肯努力"，一旦拥有这样的心态那么任何不如意都可以战胜，自然就成为另一个心态好的人。只要在平时养成这种积极暗示的习惯，那么自己的心态自然会越来越好。

曾经有一位哲学家说过："你的心态能够成为你的主人。"

还有一位伟人说过："如果不是你驾驭生命，那么就是生命驾驭你。只有你的心态能够决定到底谁是坐骑，而谁是骑师。"

在山西一个偏远的小村庄里住着这样的两兄弟。他们因为受不了家乡的贫困，所以准备到海外去谋发展。哥哥的运气更好一些，因为他到了一个比较富饶的国家，而弟弟则到了一个相对较为贫穷的国家。

> 处事大忌急躁，急躁则先自处不暇，何暇治事？
> ——弘一法师

等到三十年之后，兄弟两个又一次相聚了，他们此时已经和以前完全不一样了，哥哥拥有了好几家洗衣店，还拥有一家有十个店面的连锁超市，而且子孙满堂，过得非常快活。

而弟弟更加了不起，他成为了享誉世界的银行家，在他旗下拥有很多银行和资源。经过这些年的努力，兄弟两个都成功了，但是是什么导致了他们事业上拥有这么大的差距呢？

哥哥说："我来到那个富饶的国家之后，感觉自己没有任何的才干和能力，所以只能干一些别人不愿意干的脏活和累活，我做了这些事情，自然会让我衣食无忧，如果更加努力一些多多少少会有一些积累。但是关于事业我实在不敢奢望。"

但是弟弟和哥哥的看法却不同，他说："我之所以能有今天，和幸运没有半点关系，这些都是我努力得来的。刚刚来这个国家的时候，我发现我只能干最初级的工作，但是我慢慢发现当地人都比较懒惰，于是我努力赚钱然后买下了他们不愿意干的产业，后来我就开始不断扩张和收购，生意就做大了。"

其实，能够影响我们一生的除了环境因素之外，更主要的是我们的心态，是我们的心态占主要作用。一个人的心态能够决定一个人的视野和命运。

在我们的生活中，时刻充满着快乐和烦恼。不同的是有些人的快乐多于烦恼，而有些人的烦恼多于快乐。那些快乐的人总是懂得如何排解烦恼，然后让自己拥有一个好心情，尽可能保持一份快乐的心态。烦恼的人总是认为境遇太差，上天对他不公平，最终只能活在烦恼之中。

在我们的生活中不管有多少困苦和磨难，只要我们能够保持一份积极健康的心态，让我们的心灵充满着生命力，那么我们就可以改变这些不如意，慢慢地朝我们的目标和理想迈进，自然我们的命运也将会因此而改变。

# 第五课
# 肆傲讳过者害己，贪利纵欲者戕生

## ◎ 放开胸襟拒绝诱惑

人们在面对诱惑的时候很难把握自己，因为**诱惑本身就存在一定的吸引力**，遇到这种情况，如果没有足够的定力和心智的话，很容易陷入其中。我们要向抵抗诱惑，就需要将自己的心境放远一些，将自己的目标定得更明确一些。

一个人想要追求物质的享受，就会产生爱和执着，而有了爱和执着，自己的内心就会被这些外界环境所影响。

曾经有一位皇帝想要在他的宫殿内修建一座寺庙，于是他在全国各地寻找能工巧匠，希望他们能够建造出世界上最漂亮的寺庙。

最后皇帝找来了两组人，其中一组主要由京城里一些非常有名的设计师和工匠组成，而另外一组则是附近一些寺庙里的和尚。这个时候皇帝不知道该怎么取舍了，因为他们两组，一组是建筑方面的行家，而另外一组则是最为熟悉寺庙的行家，到底该由哪一组来建造这座寺庙呢？后来皇帝想了一个办法，让他们公平竞争，以此来决定。

皇帝要求这两组人在三天之内各自整修一座小寺庙，到时候由他来验收，看哪一组的更好就让哪一组建造最后的大寺庙。

京城里来的能工巧匠和工程师们向皇帝要了很多颜色的颜料，同时也要了很多的整修工具；而寺庙的和尚则只要了一些抹布和水桶等用来清洁的工具。

> 荣枯不须臾，盛衰有常数；人生之浮华若朝露兮，泉壤兴衰；朱华易消歇，青春不再来。
> ——弘一法师

过了三天时间，皇帝来验收他们的小寺庙。皇帝发现京城来的工匠们所打造的寺庙非常漂亮，他们以非常精美的图案以及巧夺天工的手艺将小寺庙装修得焕然一新，这让皇帝非常满意。

接着，皇帝去和尚们装修的小寺庙。和尚们装修过的小寺庙更是让皇帝目瞪口呆，原来和尚们只是努力擦拭和打扫，还原了寺庙原来的样子。就算是那些能工巧匠们所装修的庙宇都似乎成了这个庙宇的一部分，完全比不过这个庙宇。

皇帝在这个庙宇中待了很长时间，显然谁胜谁负已经很清楚了。

其实外在的浮华就是一种诱惑，过分追求只能让自己迷恋其中。如果我们能够沉淀下来，就会发现那些浮华的诱惑只不过是一些小角色而已，最有魅力的是内在最真实的心。那些工匠们追求的是一种外表，他们想要以最精湛的手艺来打动皇帝；但是和尚们并没有拘泥于一些浅显的事情上，没有去取悦皇帝，他们将心放得更远，同时也更纯洁，所以他们看重的是寺庙的本来面目。

就像是人们追求目标，对现在的情况越是刻意雕琢，离目标就越远。如果我们能够有一颗非常淡定的心，能够调整好自己的心态，能够做到以远大胸襟去面对未来，那么我们就会有美好的收获。

# 第六课
## 仁人心宽气象舒，鄙夫胸苛禄泽薄

◎ 要坚持自己的原则和立场

很多人看到别人对自己非常恭敬，就会非常开心；一旦别人怠慢了自己，就会很生气，这些人其实都是容易被别人的态度所左右的人。这其实是弱点，如果无法认清自己身上的这个弱点，那么人的一生都会受到煎熬。

当然，一个人不仅不能受别人的态度所左右，还要防止自己在做事情的时候影响别人的态度。

不要在意别人的态度，其实人在这个世界上最重要的就是自己，不要总是被别人所左右。弘一法师就一直提倡人们，在生活和工作中都要做一个真正的自己。

接下来我们来看隋朝时赵绰的故事，他就是一个能够坚持自己原则的好官。

隋文帝杨坚是一个专权独断的皇帝，经常不按照法律的规定，而是按照自己的想法而处置一些犯了错误的大臣。但是当时身为大理少卿的赵绰就能够坚持自己的立场和原则，严格依法办事，甚至从来不惧怕杨坚的权威。也正是因为这个原因，他的故事一直在百姓中流传。

曾经有一次，赵绰手下有一个叫来旷的人诬陷赵绰，并且告到了隋文帝那里，他说赵绰对一些犯过罪的大臣量刑太轻，而且经常免除一些大臣的刑罚。于是隋文帝派出自己的心腹之人在暗中调查赵绰，最后发现赵绰并没有来旷所说的这些情况，于是隋文帝非常生气，下令将来旷拉出去斩首示众。

> 见事贵乎理明，
> 事贵乎心公。
> ——弘一法师

赵绰知道这件事情之后，就跑去给隋文帝进谏，因为按照法律来旷并没有犯下杀头的罪过，他劝谏隋文帝不要这样做。但是隋文帝不愿意看到赵绰触犯自己的权威，他当时非常生气，独自一个人回宫了，没有理睬来进谏的赵绰。此时赵绰坚称要见隋文帝，他对侍卫说："你告诉皇上，我不是因为来旷的事情来进谏的，我还有其他的事情奏明。"隋文帝没有办法只好让赵绰进了后宫，一看到隋文帝，赵绰马上就说："微臣犯下了三个大罪，所以现在前来，是来向皇上请罪的。"隋文帝点头让他说下去。

于是赵绰说："我身为大理少卿，领导无方，让来旷犯下了错误，这是我的第一条罪过；来旷虽然犯下了错误，但是并不是死罪，但是我作为专门掌管刑律的大理少卿，却不敢以死来进谏皇帝，不要杀死来旷，这个是我的第二条罪状；另外我本来其实没有什么罪过，而谎称我有事启奏，这又是我的另一条罪状。"隋文帝虽然很生气，但是听完赵绰的话之后，也冷静了下来，于是免除了来旷的死刑，只是发配了事。

还有一次，有两个人在市场上用破钱换好钱，这种行为在当时是犯法的。隋文帝知道之后，一定要让赵绰将这两个人处死。赵绰对皇帝说："他们所犯的罪过只不过应该杖刑而已，还不至于处死。"隋文帝非常不耐烦，对他说："这个事情和你没有关系，我让你杀，你去杀就是了。"赵绰依然非常执着地说："陛下您给了我大理少卿的官职，专门来管理刑律，现在又说这件事情和我没有关系。"隋文帝对他说："你这是不自量力，你难道没有看到你根本无法撼动我这棵大树吗？现在你最好知趣地退下。"赵绰则正色说："微臣是想要依法办事，而不是在这里给您捣乱的，怎么能让臣退下呢？"隋文帝说："你现在这样做，难道是想要触犯皇帝的威严吗？"赵绰没有说话，只好跪下，但是他并没有后退，他只是靠近着隋文帝，然后一言不发。隋文帝呵斥他，但是他就是不后退，隋文帝实在没有办法了，只好答应了赵绰的请求，最终也没有杀死那两个人，只是杖刑了事。

赵绰为了正义从来不畏惧隋文帝的权威，他不受隋文帝态度所影响，敢于坚持自己的立场，就算是自己处于极度危险之中，他也不会退缩，会坚持下去。

我们每个人在做事情的时候，都应该坚持自己的立场和原则，这样才能够无愧于自己的良心。如果随意被别人的意见所左右，那么我们就好像是风中的芦苇一样，随风而倒，那么我们就会遭受到别人的唾弃，自己也无法逃脱良心的谴责。

## ◎ 心地坦荡才能无欲无求

每个人都希望自己的生活能够过得快乐和幸福，人们的内心不同，所以对待事情的观点和态度也有所不同，不同人有不同的幸福和快乐，万不可将自己认为的幸福和快乐当作别人的幸福和快乐。

曾经有一个智者在外出的时候遇到了大雨，大雨使河水变得非常湍急，而河沟也变得非常泥泞，一时使人寸步难行。

但是智者还是决定渡过小河。这个时候他在河边看到了一个穿着得体的女子，这位女子好像有什么急事想要过河，但是看着水流这么湍急一时不知该怎么办了。

于是智者走上前去对女子说："让我背你过去吧。"智者随行的徒弟听到师父的话后感觉非常诧异，因为师父一再教导他们，在外不要亲近女色，要不然会耽误事情，但是今天师父自己却这样做。

此时那位女子已经答应了被智者背着渡河，小徒弟只能跟在他们后面，然后一起过河。

过了几天之后，徒弟还是不能明白师父当时的做法，于是找到智者，对他说："您一直教导我们在外边做事情的时候不要亲近女色，现在为什么您自己却这样做了？"

> 行少欲者，心则坦然，无所忧畏，触事有余，常无不足。
> ——弘一法师

这位智者则说："我当时已经将那位女子放下了，你却一直没有放下她。"

其实这位智者当时背着那位女子过河只是看到了一个被困在河边的人，而没有在乎到底是男子还是女子，而当他将女子背过河之后，这件事情就已经结束了。

一个人心地坦荡是一种境界，只有心地坦荡的人才不会饱受折磨。一个人如果能够做到泰然自若，那么就可以没有欲念，内心中如果没有了欲念，自然就不会有所顾虑。我们心地坦荡的时候才能够合理地处理事情。其实很多我们苦苦追求而得不到的东西，在我们无欲无求中会自己来到的。